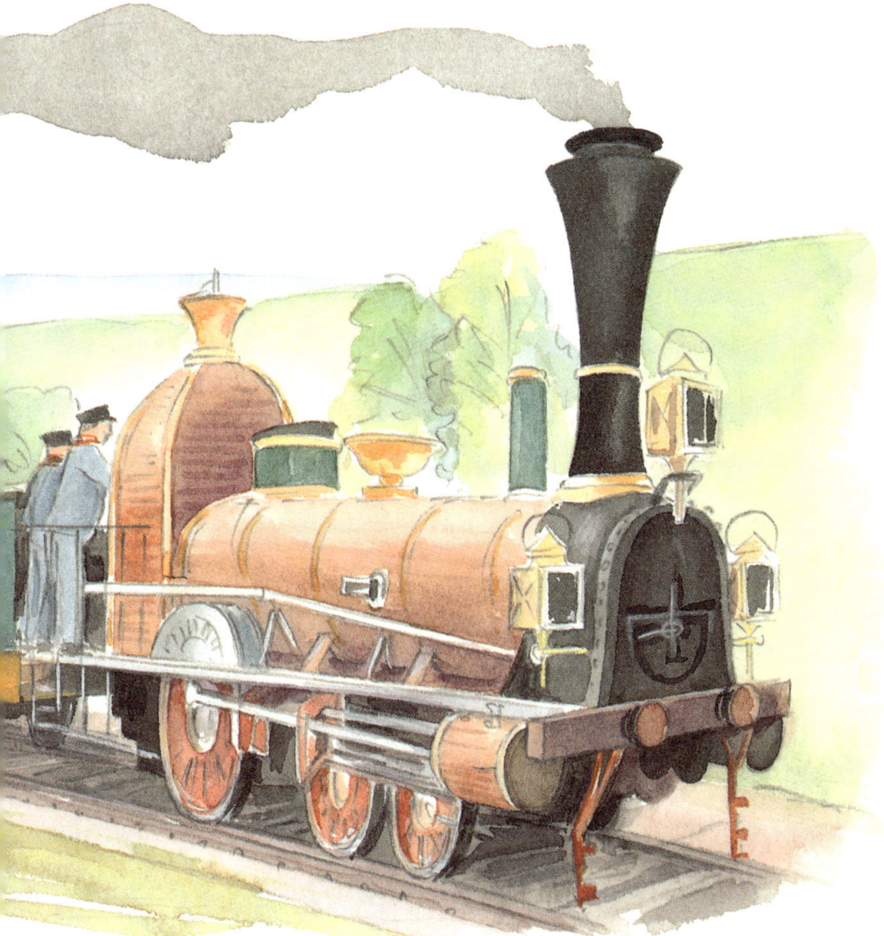

Mathematik 6

Interkantonale Lehrmittelzentrale
Lehrmittelverlag des Kantons Zürich

ilz Lehrmittel der Interkantonalen Lehrmittelzentrale

Projektgruppe
Walter Hohl, Prof. dipl. math., Projektleiter
Beni Aeschlimann, Koordinator
Helen Blumer
Felix Höhn
Andreas Schmid

Autorin und Autoren
Christa Erzinger-Hess
Felix Lauffer
Thomas Schnellmann

Grafische Gestaltung
Felix Reichlin

Illustrationen
Brigitte Stieger

Nach neuer Rechtschreibung

© Lehrmittelverlag des Kantons Zürich
2. Ausgabe 2002, korrigiert (1999)
Printed in Switzerland
ISBN 3-906720-69-1
www.lehrmittelverlag.com

Erweiterung des Zahlenbereichs bis 1 000 000

Ein Lehr- und Trainingspfad

Teilnehmerinnen, Teilnehmer	Gruppen und Einzelpersonen
Wegstrecke	Teil der Zahlengeraden
Start	bei 1
Ziel	1 Million (*Abk.:* 1 Mio.)
Gangart	Zählen mit Schrittwechseln
Ausführung	Silbe für Silbe sorgfältig und hörbar aussprechen
Was tun beim Verfehlen eines Postens?	nochmals zum Vorposten zurück
Abbruch des Trainings	nach spätestens 15 min

1, 2, 3, …, 10, 15, 20, …, 45, 54, 63, …,
135, 142, 149, …, 240, 300, 360, …, 900, 1000, 1100, …,
1800, 2000, 2200, …, 3200, 4000, 4800, …,
12 000, 24 000, 36 000, …, 120 000, 140 000, 160 000, …,
300 000, 302 000, 304 000, …, 314 000, 314 050, 314 100, …,
314 600, 314 900, 315 200, …, 317 000, 318 500, 320 000, …,
335 000, 335 080, 335 160, …, 335 800, 385 800, 435 800, …,
685 800, 686 200, 686 600, …, 689 000, 700 000, 711 000, …,
810 000, 840 000, 870 000, …, 990 000, 990 700, 991 400, …,
995 600, 996 000, 996 400, …, 999 200, 999 250, 999 300, …,
999 600, 999 620, 999 640, …, 999 860, 999 872, 999 884, …,
999 956, 999 957, 999 958, …, 999 964, 999 970, 999 976, …

und so weiter bis **1 000 000**.

Herzlich willkommen

Rechenschritte vorwärts und rückwärts

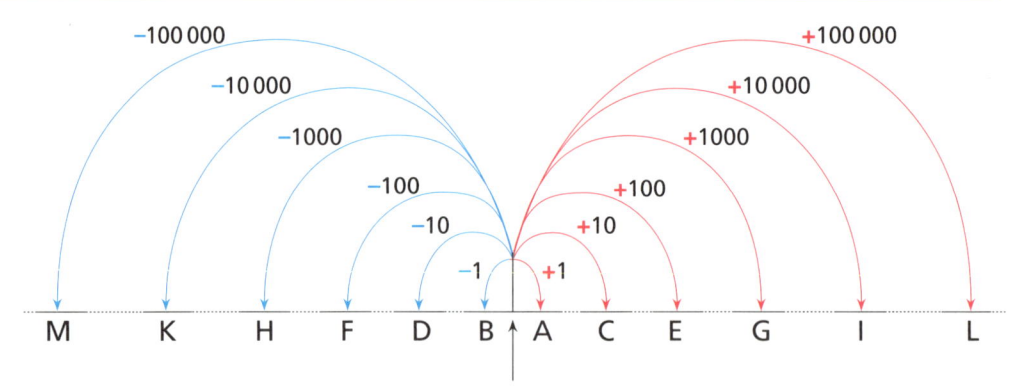

| | | | | | | | | | |
|M|K|H|F|D|B A|C|E|G|I|L|

Arcs: −100 000, −10 000, −1000, −100, −10, −1 (left); +1, +10, +100, +1000, +10 000, +100 000 (right)

Startzahl: **1.** 439 605
Gehe von der gegebenen   **2.** 701 099
Startzahl aus und verknüpfe   **3.** 310 910
sie der Reihe nach mit   **4.** 909 001
den Operatoren

$\overset{+1}{\frown}, \overset{-1}{\frown}, \overset{+10}{\frown}$ usw.

Bestimme dann die Zielzahlen A bis M.

Beispiel: 1. H: 439 605 − 1000 = 438 605

Welcher Operator zu welcher Zahl?

Man hat zwei Startzahlen, nämlich **800 009** und **799 999**. Bald wird die eine, bald die andere mit einem der nachstehenden Operatoren verknüpft.

$\xrightarrow{+1}$ $\xrightarrow{+10}$ $\xrightarrow{+100}$ $\xrightarrow{+1000}$ $\xrightarrow{+10\,000}$ $\xrightarrow{+100\,000}$

$\xrightarrow{-1}$ $\xrightarrow{-10}$ $\xrightarrow{-100}$ $\xrightarrow{-1000}$ $\xrightarrow{-10\,000}$ $\xrightarrow{-100\,000}$

Beispiel: **799 999** $\xrightarrow{+1000}$ **800 999**

Dabei sollen die folgenden Zielzahlen erreicht werden. Sage, wie.

5. 800 008   **8.** 810 009   **11.** 800 099   **14.** 809 999
6. 799 899   **9.** 800 000   **12.** 799 009   **15.** 790 009
7. 899 999   **10.** 799 909   **13.** 800 009   **16.** 799 999

Zahlen der Grösse nach ordnen

Ordne die Zahlen jeder Aufgabe
der Grösse nach.
Beginne immer mit der kleinsten.

1. 355 380	2. 504 760	3. 899 899	4. 259 001
350 583	506 407	989 989	258 999
503 038	476 500	998 899	219 500
358 035	540 076	899 998	259 000
355 803	507 000	989 998	251 900

Zahlen bestimmen

Bestimme unter den gegebenen Zahlen jeweils diejenigen, welche die
entsprechende Bedingung erfüllen. Nenne oder notiere sie.

5. «mindestens 206 450 und höchstens 206 514»	6. «liegt zwischen 586 307 und 607 583»	7. «liegt näher bei 865 000 als bei 856 000»	8. «ist kleiner als 401 203 oder grösser als 403 201»
206 541	586 703	806 500	410 203
206 145	607 538	895 000	400 132
205 614	583 607	859 000	403 201
204 650	608 537	865 856	403 210
206 514	607 835	1 000 000	203 401
206 449	587 630	860 500	401 302
206 500	586 307	861 999	403 120
206 494	599 980	859 999	401 200

Summen bilden

Gegeben sind sechs Zahlen pro Aufgabe. Bilde jeweils die Summe aus der grössten und aus der kleinsten sowie aus der zweitgrössten und der zweitkleinsten und schliesslich aus der drittgrössten und der drittkleinsten Zahl.

1.	505 000	2.	444 000	3.	200	4.	545 050
	1000		202 202		303 000		50 000
	700 000		30 303		449 800		550 500
	495 000		220 220		140 000		560 000
	999 000		444		347 000		55 050
	300 000		303 030		410 000		50 500

Differenzen zweier Zahlen

Gegeben sind die folgenden Zahlen:

700 000   200 000   80 000   30 000   5000   1000

Welche zwei muss man voneinander subtrahieren, um die nachstehenden Differenzen zu erhalten?

Beispiel: Differenz 50 000
$50\,000 = 80\,000 - 30\,000$

5. a) 25 000   b) 699 000   c) 195 000   d) 670 000

6. a) 120 000   b) 79 000   c) 500 000   d) 199 000

In drei Bechern hat es Glasperlen. Die ersten beiden Becher enthalten zusammen 121 Glasperlen, der erste und der dritte zusammen 192, der zweite und der dritte zusammen 157. – Rechne.

Wie heissen die passenden Zahlen?

Gegeben sind die Zahlen

300 000,   499 999,   500 499,   699 999,   999 999.

Zu jedem der folgenden Sätze passt mindestens eine der gegebenen Zahlen. – Welche?

1. Die Zahl ist um 1 zu klein, um 7-stellig zu sein.

2. Wenn eine der Zahlen um 1 grösser wäre, dann wäre die Summe mit einer der andern zusammen genau 1 000 000.

3. Wenn von zwei der Zahlen die eine um 100 000 grösser und die andere um 100 000 kleiner wäre, dann wären sie gleich gross.

4. Wenn die Zahl um 1 grösser wäre, dann wäre ihre Quersumme 10.

5. Wenn die Zahl um 1 oder 10 oder 100 oder 1000 oder 10 000 oder um 100 000 kleiner wäre, dann wäre ihre Quersumme genau 50.

6. Die Zahl ist als Einzige durch 6 teilbar.

7. Die Zahl ist durch 3 teilbar, aber weder durch 6 noch durch 9.

8. Die Zahl ist um 500 grösser als die nächstkleinere.

9. Wenn von zwei Zahlen jede um 1 grösser wäre, dann würde ihre Summe 1.5 Millionen betragen.

10. Welche der folgenden Aussagen müsste nach deiner Schätzung richtig sein?
    Die Summe der fünf gegebenen Zahlen beträgt
    – fast 2 Millionen.
    – knapp 4 Millionen.
    – weniger als 5 Millionen.
    – etwas mehr als 3 Millionen.

Potztausend mal 1000!

Und da soll es einem nicht flimmern vor den Augen?!
Nein – das muss nicht sein.

Rechne die Terme aus.

1. 5 · 1000
   1000 · 7
   1000 · 10
   17 · 1000

2. 71 · 1000
   100 · 1000
   1000 · 108
   1000 · 169

3. 400 · 1000
   1000 · 490
   455 · 1000
   1000 · 302

4. 1000 · 859
   913 · 1000
   1000 · 946
   1000 · 1000

5. 3000 : 1000
   8000 : 8
   15 000 : 1000
   60 000 : 60

6. 100 000 : 1000
   340 000 : 1000
   27 000 : 27
   270 000 : 270

7. 68 000 : 68
   168 000 : 168
   930 000 : 1000
   139 000 : 1000

8. 7000 : 1000
   700 : 1000
   1 000 000 : 1000
   911 000 : 911

Zahlwörter-Puzzle

Als Puzzle-Teile sind folgende Wörter und Silben gegeben:

drei
vier
sechs
acht
neun

hundert
hundert
tausend
und
zig

Jedes Puzzle-Teil darf jeweils nur einmal verwendet werden.

9. Für welche der folgenden Zahlen könnte man mit den gegebenen Teilen die entsprechenden Zahlwörter lückenlos zusammensetzen?

a) 896 000
b) 340 809
c) 406 830
d) 600 493
e) 318 040
f) 106 948
g) 984 006
h) 490 683
i) 649 390
k) 986 043
l) 603 098
m) 100 469

101   1250   3889   10001

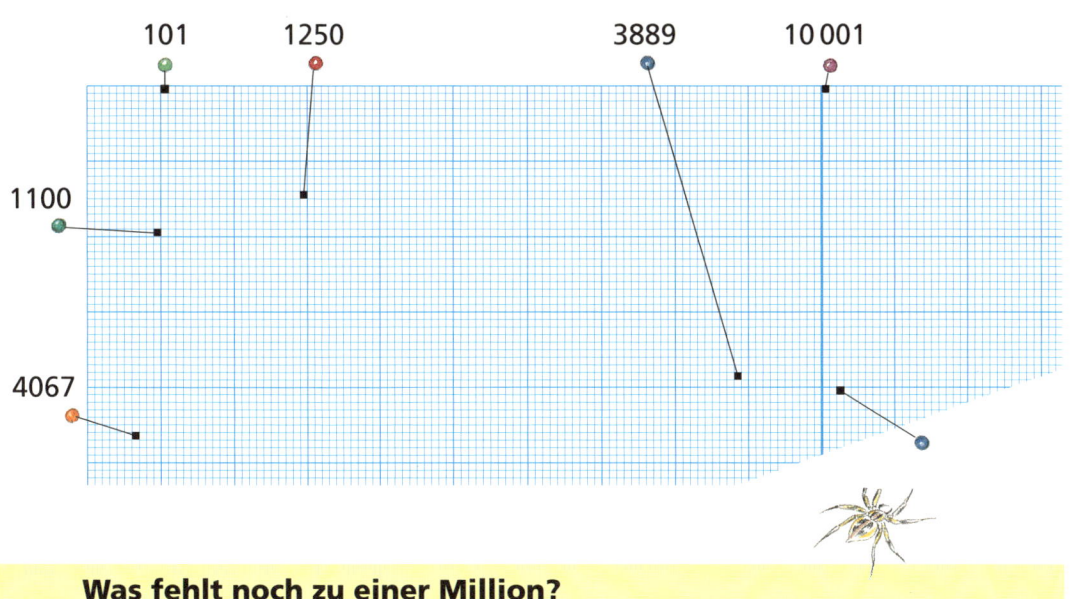

1100

4067

Was fehlt noch zu einer Million?

1. Ergänze jede der folgenden Zahlen auf 1 Million.

Beispiel: *10 + 999 990 = 1 000 000*

- **a)** 999 010
- **b)** 989 900
- **c)** 910 100
- **d)** 900 900
- **e)** 91 000
- **f)** 1100
- **g)** 499 995
- **h)** 101
- **i)** 780 000
- **k)** 304 000
- **l)** 100 500
- **m)** 200 090
- **n)** 510 999
- **o)** 9011
- **p)** 1250
- **q)** 654 321

Verdoppeln, verdoppeln, verdoppeln ...

2. Wie weit würde man auf dem nebenstehenden «Spielbrett» kommen, das heisst, in welchem Feld würde man die Million erreichen oder überschreiten, wenn man ins Feld 1 ein einziges Reiskorn legen würde und dann von Feld zu Feld immer die doppelte Anzahl Reiskörner wie im vorangehenden Feld?

Hast du vielleicht einen Taschenrechner?

1	2	3	4	5
6	7	8	9	10
11	12	13	14	15
16	17	18	19	20
21	22	23	24	25

Im Reich der Million(en)

1. Betrachte zuerst die Einheitsgrössen 1 km, 1 hl, 1 t.
Gibt es darunter «Millionäre»? – Welche wären das? – Und aus welchen Gründen?

2. Die Wohnbevölkerung der Schweiz hat im Jahr 1995 die Grenze von 7 Millionen Einwohnern überschritten.

a) Die folgenden Zahlen zeigen dir, wie sich seit dem Jahr 1950 die Bevölkerung der Schweiz und im Besonderen auch die Bevölkerung des Kantons Zürich entwickelt hat (Grundlage: Volkszählungen).

	Schweiz (CH)	Kanton Zürich (ZH)
1950	4 714 992	777 002
1960	5 429 061	952 304
1970	6 269 783	1 107 788
1980	6 365 960	1 122 839
1990	6 873 687	1 179 044
(1995)	(> 7 000 000)	

Runde die Zahlen auf 50 000 genau.

Beispiele:

777 002 wird auf 800 000 (auf)gerundet.
952 304 wird auf 950 000 (ab)gerundet.

374 999 → 375 000
abrunden
356 250
→ 350 000
341 250
aufrunden
325 000 → 325 000

Stelle die Entwicklung der Wohnbevölkerung in der Schweiz und im Kanton Zürich in einer Grafik als Streckenzug dar.

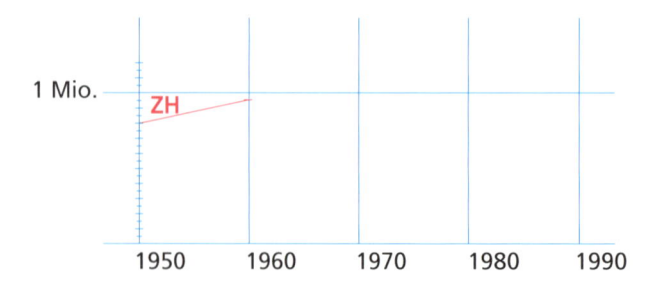

1 Mio. — ZH

1950   1960   1970   1980   1990

b) Denk dir, es müssten alle Bewohnerinnen und Bewohner der Schweiz auf dem gleichen Platz zusammenkommen. Für jede Person würde es 1 Quadratmeter Boden brauchen (1 Quadratmeter ist der Flächeninhalt eines Quadrats von 1 m Seitenlänge). Am besten wäre ein zugefrorener See. Mit welcher der folgenden Seeflächen müsste das Platzangebot ungefähr übereinstimmen?

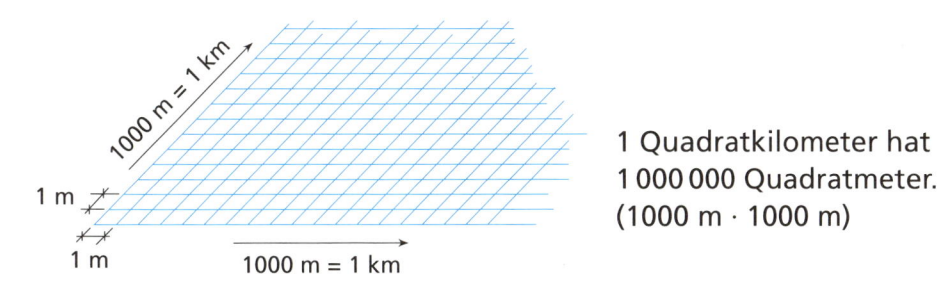

1 Quadratkilometer hat 1 000 000 Quadratmeter. (1000 m · 1000 m)

Vierwaldstättersee	113.7 Quadratkilometer
Zürichsee	90.1 Quadratkilometer
Zugersee	38.3 Quadratkilometer
Ägerisee	7.2 Quadratkilometer
Lauerzersee	3.1 Quadratkilometer

3. In einer gewöhnlichen Kaffeetasse (Inhalt 2 dl) haben etwa 10 000 Reiskörner Platz. Das ergibt, wenn man sie kocht, etwa zwei Essportionen. Wie viele solche Tassen liessen sich mit 1 Million Reiskörner füllen? Wie vielen Menschen könnte man davon je eine Portion Reis abgeben?

4. 50 Wassertropfen füllen einen Kaffeelöffel.
40 Kaffeelöffel Wasser haben in einem 2-dl-Glas Platz.

a) Wie viele Liter ergeben 1 Million Wassertropfen?

b) Für ein Bad in der Badewanne rechnet man mit rund 180 l Wasser. – Vergleiche diese Füllmenge mit der Menge von 1 000 000 Wassertropfen.

5. Wie hoch ist der Turm des Berner Münsters? – Du musst wissen: Seine Höhe beträgt genau $\frac{10}{11}$ des Papierturms, der in die Fotografie hineinmontiert worden ist. Ein solcher Papierturm würde entstehen, wenn man 1 Million gewöhnlicher Kopierblätter aufeinander schichten würde, zum Beispiel paketweise, das Paket zu 500 Blatt und zu einer Dicke von 5.5 cm.

«Eine Million Zeit»

1. Wie lange dauern 1 000 000 Minuten? Auf welche der folgenden Aussagen tippst du? – Welche trifft nach deiner Berechnung tatsächlich zu?

   A: 1 J. 329 d 10 h 40 min
   B: 99 W. 1 d 10 h 40 min
   C: 16 666 h 40 min

2. Dein Herz ist ein stiller Schwerarbeiter. – Nimm an, es schlage durchschnittlich 70-mal pro min. Wie lange braucht es dann, bis es 1 000 000-mal geschlagen hat? – Eine ziemlich genaue Antwort ergibt sich dann, wenn du eine Aussage aus der Spalte A mit einer der beiden Aussagen aus der Spalte B kombinierst.

   A: 1 Woche reicht.   B: Es braucht etwa 2 h weniger.
      10 Tage reichen.   Es braucht etwa 2 h mehr.
      20 Tage sind nicht genug.
      Es sind 4 Wochen nötig.

3. Kann ein Mensch 1 000 000 h alt werden oder auch älter? Bestimme unter den folgenden Antworten die passende.

   A: Ohne weiteres.
   B: Das ist der Normalfall.
   C: Man kann es nicht sagen.
   D: Wenn er länger als 114 Jahre lebt.

4. Wie weit reichen 1 Million Tage zurück?
Eine der folgenden Antworten trifft am
genauesten zu. Welche? – Gehe in deinen
Berechnungen vom Jahr 2000 aus.

   A: Etwa bis zur Gründung der Stadt Sydney
   in Australien im Jahr 1788.

   B: Etwa bis zur Gründung der
   nordamerikanischen Stadt New York
   (damals Neu-Amsterdam) im Jahr 1614.

   C: Etwa bis zum Rütlischwur (1291).

   D: Ziemlich genau bis zur Gründung der
   Stadt Bern durch Herzog Berthold V.
   von Zähringen im Jahr 1191.

   E: Nicht ganz bis zum Jahr 452, als sich die
   ersten Siedler auf den Lagunen-Inseln
   der heutigen Stadt Venedig in Italien
   niederliessen.

   F: Einige Jahre weniger als bis zur sagen-
   haften Gründung der Stadt Rom
   im Jahr 753 vor Christi Geburt durch
   die Zwillingsbrüder Romulus und Remus.

5. Wie lange braucht man, um auf 1 Million zu zählen?
Eine Versuchsperson benötigte für die hundert Zahlen von 321 401
bis 321 500 im Ganzen 5 min 16 s. Es gibt natürlich auch Hunderter-
abschnitte, die weniger Zählzeit erfordern. Im Durchschnitt musst du
pro Hundert mit einer Zeit von 4 min 45 s rechnen.

Proportionalität und umgekehrte Proportionalität

Textaufgaben

Beantworte die Fragen.

1. Eine Turmbesteigerin hat von den insgesamt 143 Treppenstufen bis zur obersten Plattform eines Turmes 85 hinter sich. Wie viele Stufen hat sie noch vor sich?

2. Jemand hat vom Erdgeschoss eines Hauses bis zum 2. Stockwerk 28 Treppenstufen gezählt. Wie viele Stufen müssten es bis zum 6. Stockwerk noch sein?

3. In einer Aktion wird der Preis pro Paket Teigwaren, das sonst 2.30 Fr. kostet, auf die Hälfte herabgesetzt. Jemand kauft 2 solche Pakete. Wie viel muss er dafür bezahlen?

4. Jemand muss 3 Briefe mit Briefmarken im Wert von je 90 Rp. frankieren. Es sind dafür genau die nötigen Briefmarken vorhanden, und zwar 20er- und 30er-Marken, alles in allem 12 Stück. Wie viele 20er-Marken sind es und wie viele 30er-Marken?

5. In einer Tüte sind so viele gebrannte Mandeln, dass es bei 6 Personen 6 Mandeln pro Person gäbe. Wie viele Mandeln pro Person gäbe es durchschnittlich bei 4 Personen?

6. Ein Schwimmbassin ist 25 m lang. Wie viele Längen müsste bei einem 100-m-Wettschwimmen folglich jede Schwimmerin und jeder Schwimmer zurücklegen?

7. Ein grosser Mann braucht 1000 Schritte bis ans Ziel. Das Kind an seiner Hand macht nur halb so lange Schritte. – Wie viele?

8. Die kleinen Vorderräder eines Traktors drehen sich 6-mal, während sich die grossen Hinterräder 3-mal drehen. Wie oft drehen sich die Vorderräder, während sich die Hinterräder 10-mal drehen?

Manches kann man mit Rosen sagen …

… ohne dabei ein einziges Wort zu verlieren. Darum ist es auch nicht verwunderlich, dass so viele Passanten noch schnell beim Rosenstand am Bahnhof einen Zwischenhalt machen. – Tritt auch du in Gedanken näher. Verfolge das, was geschieht, aus dem rechnerischen Blickwinkel.

Nimm jeweils an, sofern nichts anderes gesagt ist, es handle sich um Sträusse aus lauter Rosen von der gleichen Sorte.

1. Ein junger Mann bezahlt für seinen Strauss 8 Fr. Von welcher Sorte Rosen hat er ausgewählt? – Wie viele?

2. Wie viele Rosen und von welcher Sorte mag die Frau mit dem Hut für ihre 17.50 Fr. ausgewählt haben?

3. Der Herr mit der Reisetasche hat auf seine Zwanzigernote vom Rosenmann 1.10 Fr. herausbekommen. Von welcher Sorte Rosen hat er gekauft? – Wie viele?

4. Auf einmal nimmt der Rosenmann aus drei verschiedenen Kesseln je eine Rose, bindet sie und gibt sie dem Jungen, der ihm schon eine ganze Zeit lang zugeschaut hat. «Du kannst sie deiner Mutter bringen. Gratis. Die Stiele sind zu kurz. Sonst würde das Sträusschen 8 Fr. kosten.» – Was für Rosen sind es?

5. Die Dame in Grün bezahlt für 5 Rosen 9 Fr. Die Dame in Blau wählt von der gleichen Sorte 7 Stück. Wie viel wird ihr Strauss kosten?

6. Der Mann mit der Zeitung unter dem Arm wählt 3 Rosen zu 3.50 Fr. pro Stück. «Für gleich viel Geld bekomme ich 7 Rosen», sagt der Mann mit dem Rucksack, «wenn es auch nicht die gleiche Sorte ist.» Von welchen Rosen hat er ausgewählt?

7. Der Herr mit Brille bezahlt für 9 Rosen 21.60 Fr. Die blonde Dame bekommt von einer anderen Sorte für 4 Fr. weniger 2 Rosen mehr. Was für Rosen haben die beiden gewählt?

8. Ein Herr mit rotem Halstuch kauft 14 Rosen. Er hat von 2 Sorten je gleich viele ausgewählt und bezahlt für den Strauss 41.30 Fr. Aus welchen Sorten hat er den Strauss zusammengestellt?

9. Der Rosenmann stellt für eine ältere Dame einen Strauss zusammen. «Bis jetzt sind es 5?», vergewissert sich die Dame. «12.50 Fr. sagen Sie? – Dann möchte ich gerne noch 4 dazu.» Was für Rosen hat die Dame ausgewählt und wie viel beträgt das Rückgeld auf ihre 50-Fr.-Note?

Es bleibt noch bei den Rosen ...

... aber es ist eine Sorte weniger im Angebot, und die Tagespreise sind jetzt fast durchwegs höher.

1. Zum Beispiel kosten jetzt 5 Rosen der billigsten Sorte 8 Fr.

   a) Und 10 dieser Rosen? **b)** Und eine allein? **c)** Und 3?

2. Eine Kundin sollte für 7 Rosen ihrer Lieblingssorte 18.20 Fr. bezahlen. Doch noch während sie das Geld herauszählt, sagt sie: «Wissen Sie was – geben Sie mir bitte noch 2 dazu.» Wie viel muss sie jetzt im Ganzen bezahlen?

3. Für 15 kurzstielige Rosen hat soeben eine Kundin 24 Fr. bezahlt. «Die sind wirklich hübsch», findet die nächste Kundin. «Geben Sie mir doch auch davon, aber nur 12 Stück, bitte.» – Wie viel wird dieser zweite Strauss kosten?

4. Für 5 Rosen bezahlt ein Herr 19.50 Fr. Ein zweiter Herr lässt sich von einer Sorte, bei der das Stück 40 Rp. teurer ist, 7 Rosen einpacken. Wie viel muss er bezahlen?

5. Die 6 Rosen, welche ein Soldat kaufen möchte, kämen auf 10.80 Fr. zu stehen. «Wenn ich Ihnen einen Rat geben dürfte», sagt der Rosenmann, «bei Blumen schenkt man in der Regel eine ungerade Zahl.» «Ach so», meint der Soldat, «da muss ich mich aber mit 5 begnügen.» Was kostet der Strauss jetzt?

6. Eine Dame hat für einen Strauss von 9 Rosen 23.40 Fr. bezahlt. Ein Herr sagt: «Ich werde genau gleich viel ausgeben wie die Dame vorhin. Aber ich wähle von diesen Rosen da, die pro Stück immerhin 80 Rp. billiger sind.» – Wie viele Rosen wird der Strauss dieses Herrn zählen?

7. Eine junge Frau hat von einer bestimmten Sorte 9 Rosen ausgewählt. Erst als sie den Preis hört – 15.30 Fr. – und in ihr Portmonee schaut, merkt sie, dass sie ja nicht genug Geld bei sich hat. «Der Strauss darf höchstens 12 Fr. kosten», sagt sie entschuldigend. Wie viele dieser Rosen dürften es sein, und für welchen Betrag im Ganzen?

Bald in einem Schritt, bald in zwei Schritten

Für verschiedene Waren sind die folgenden Geldbeträge bezahlt worden:

| für 6 Jonglierbälle 27 Fr. | für 2 Zahnbürsten 11.80 Fr. | für 5 Comic-Hefte 34 Fr. |

| für 5 Haarklammern 9.50 Fr. | für 9 Vulkane 30.60 Fr. | für 4 Notizblöcke 5.20 Fr. |

| für 4 Filzstifte 15.20 Fr. | für 3 Säcke Tierfutter 4.80 Fr. | für 3 Bleistiftspitzer 8.10 Fr. |

| für 1 Jo-Jo 13.95 Fr. | für 2 Marker 7.60 Fr. | für 8 90er-Briefmarken Pro Juventute 10.80 Fr. |

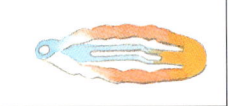

Rechne nun aus, wie viel bezahlt werden müsste

1. für 3 Comic-Hefte.
2. für 2 Säcke Tierfutter.
3. für 2 Notizblöcke.
4. für 3 Jonglierbälle.
5. für 3 Zahnbürsten.
6. für 6 Vulkane.
7. für 10 Filzstifte.
8. für 2 Jo-Jos.
9. für 5 Marker.
10. für 1 Bleistiftspitzer.
11. für 4 Haarklammern.
12. für 12 90er-Briefmarken Pro Juventute.

Wenn es für das eine gilt, *dann* gilt es auch für das andere

Bei den folgenden Aufgaben liegen die Fragen in der Luft.
Suche sie und formuliere entsprechende Antworten.

1. Sabine muss im Milch-Express 7 Jogurt einkaufen. Leider reichen die 7 Fr., die sie bei sich hat, nur für 5. «Ich schreibe doch die kleine Schuld auf», sagt Herr Signer, «du kommst ja wieder einmal.»

2. Frau Frisch kauft in der Dorfkäserei 6 «Rahmli» und bezahlt dafür 10.20 Fr. Erst als sie schon draussen ist, denkt sie: «Dumm – ich hätte doch 10 kaufen sollen.» Nanu – kehrt sie halt nochmals um.

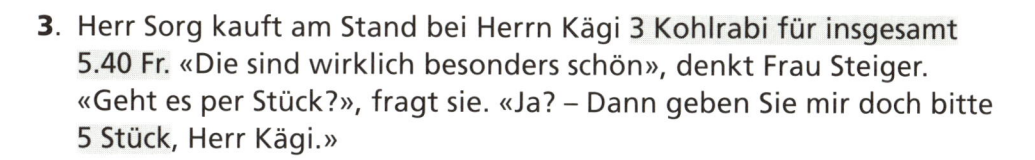

3. Herr Sorg kauft am Stand bei Herrn Kägi 3 Kohlrabi für insgesamt 5.40 Fr. «Die sind wirklich besonders schön», denkt Frau Steiger. «Geht es per Stück?», fragt sie. «Ja? – Dann geben Sie mir doch bitte 5 Stück, Herr Kägi.»

4. Thomas muss in Zukunft nicht mehr nach Drommersdorf in die Gitarrenstunde fahren. Er hat aber von den 6 Bahnfahrten seines Abonnements nach Drommersdorf, für das er 20.40 Fr. bezahlt hat, erst 1 Fahrt gebraucht. Zum Glück kann er das Abonnement mit den restlichen Fahrten an Christof verkaufen. Aus Freundschaft gibt er das Rest-Abonnement allerdings um 1 Fr. billiger.

5. Herr Schindler bezahlt am Schalter der Bahnstation für eine Tageskarte nach Zürich 6.80 Fr. Der Schalterbeamte sagt: «Sie fahren doch öfters nach Zürich, nicht? Vielleicht wäre für Sie eine 6-Fahrten-Tageswahlkarte für 39 Fr. praktisch. Sie müssten dann nicht jedes Mal extra lösen.»

6. Melanie überlegt sich: «Für meine 12 Ansichtskarten habe ich 8.40 Fr. bezahlt. – Angela muss mir also für die 5 Karten, die ich ihr überlasse, den entsprechenden Preis bezahlen und dazu noch die 90-Rp.-Marke, die ich auf eine der Karten schon aufgeklebt habe.»

Wiederholungsaufgaben

Alle Operationen bunt gemischt

Bestimme die Lösungen. Sie weisen spezielle Ziffernabfolgen auf.

1. $2713 + 49\,071 - 29\,562 = \square$
2. $(121\,212 \cdot 3) : 6 = \square$
3. $32 \cdot 3858 = \square$
4. $(56\,043 + 900) : 57 = \square$
5. $92\,260 = \square + 59\,937$
6. $\square + 75\,562 - 5000 = 71\,117$
7. $70\,221 = \square \cdot 89$
8. $\square : 79 = 459$

9. $74\,096 : \square = 88$
10. $\square - 500 = 13\,296 : 48$
11. $7000 + 72\,437 = 650 + \square$
12. $98\,678 - 50\,000 - \square = 3000$
13. $\square \cdot 91 = 84 \cdot 481$
14. $\square + (10 \cdot 2622) = 81\,775$
15. $\square \cdot 49 = 19\,617 - 3300$
16. $\square + 35 = 31\,200 : 39$

Wie heisst die Zahl?

17. Addiert man das 8fache und das 6fache einer Zahl, so erhält man 294.

18. Subtrahiert man das 19fache einer Zahl von ihrem 40fachen, so erhält man 1176.

19. Vervielfacht man eine Zahl mit 37, so ist das Ergebnis um 335 kleiner als 2000.

20. Die Zahl ist um 111 grösser als $\frac{2}{13}$ von 585.

21. $\frac{8}{9}$ von 441 ist der dritte Teil der Zahl.

22. $\frac{7}{15}$ von 840 ist das 14fache der Zahl.

23. Das 45fache der Zahl soll möglichst nahe bei 2035 liegen.

Rechnen mit Dezimalzahlen

Bestimme die Lösungen. Je zwei Lösungen haben die Summe 5000.
Welche zwei sind es jeweils?

1. 68 · 39.6 = ☐
2. ☐ = 6 · 406.23
3. ☐ : (8 : 2) = 1203.8
4. 33 996.6 : 34 = ☐

5. 49 211 − ☐ = 44 445.7
6. ☐ = (8 · 499.25) + 6.1
7. 2456.9 = ☐ + 2222.2
8. ☐ = 5999.1 − (5000 − 999.9)

9. 486.4 + (100 · 18.208) = ☐
10. ☐ : 57 = 21 − 1.5
11. (44 · 300.2) − ☐ = 10 108.8
12. 33 · ☐ = 6098.4

13. 30 010.9 − ☐ = 27 009.9
14. 2665.89 = (19 · 40.31) + ☐
15. 4388.5 − ☐ = 10 · 50
16. ☐ : 74 = 34.63

Wort und Zahl

17. Rechne 11.09 plus siebenmal 2.7 aus.

18. Rechne 25.3 minus achtmal 17 Hundertstel aus.

19. Rechne zehnmal 2.08 minus fünfmal 1.75 aus.

20. Addiere das Vierfache von 3.68 zum fünfzehnten Teil von 55.2 und rechne die Summe aus.

21. Der Unterschied zweier Zahlen beträgt 1.1 und ihre Summe ist 21.1. Wie heissen die beiden Zahlen?

22. 36 ist die kleinste von vier Zahlen. Bestimme die grösste, wenn du weisst, dass der Unterschied zweier benachbarter Zahlen stets 1 Zehntel der kleinsten Zahl ausmacht.

23. Die Summe von vier Zahlen beträgt 79. Der Unterschied zweier benachbarter Zahlen beträgt jeweils 0.5. Wie heissen die vier Zahlen?

Rechnen mit Grössen

Bestimme die Lösungen.

1. 3.5 km + $\frac{1}{4}$ km = ☐
2. 15 h : 25 min = ☐
3. 49.38 hl − 7.19 hl − 81 l = ☐
4. 56 · $\frac{3}{8}$ kg = ☐
5. ☐ = (3510 Fr. − 1922.40 Fr.) : 28
6. ☐ = 49.38 hl − (9 · 103 l)

7. 3616 kg : 64 = ☐
8. ☐ + 25.55 Fr. = 200 Fr. − 47.15 Fr. − 43.95 Fr.
9. 10 · 19 min 19 s = ☐
10. ☐ = (2 d − 15 min) : 5
11. 4 g + 29.996 kg − ☐ = 14.49 kg + 10 g
12. 3591 cl : ☐ = 45

13. 35 · ☐ = 1 km − 77.05 m
14. 150 Fr. + (☐ · $\frac{1}{2}$ Fr.) = 160 Fr.
15. ☐ · 35 cm = 23.775 m − 1.025 m
16. ☐ : 31 = 0.031 t
17. ☐ : 0.5 l = 117 l : 1.8 l
18. 1028.05 Fr. : ☐ = 1392 : 48

Lösungen:
26.37 m, 3.75 km, 79.8 cl, 32.5 l, 40.11 hl, 41.38 hl, 15.5 kg, 21 kg, 56.5 kg, 0.961 t, 35.45 Fr., 56.70 Fr., 83.35 Fr., 3 h 13 min 10 s, 9 h 33 min, 20, 36, 65

«Durchschnittlich» – in verschiedenen Situationen

1. Während der Ferien hat Dominic bei der Nachbarin während 15 Tagen kleinere Arbeiten verrichtet und dafür von ihr durchschnittlich 5 Fr. pro Tag erhalten.
   a) Wie viel hat er in dieser Zeit verdient?
   b) Wenn die Ferien mindestens 10 Arbeitstage länger gedauert hätten, dann hätte Dominic sogar seinen Anteil von 120 Fr. ans neue Velo verdienen können. – Stimmt das?

2. Felix hat sich vorgenommen, während der Sommerferien insgesamt mindestens 15 km zu schwimmen.
   a) Wie weit hätte er durchschnittlich pro Tag schwimmen müssen, um sein Ziel in 20 Tagen zu erreichen?
   b) Während 12 Tagen ist Felix durchschnittlich 800 m pro Tag geschwommen. Wie weit muss er durchschnittlich pro Tag noch schwimmen, um sein Ziel zu erreichen, wenn ihm dafür noch 4 Tage zur Verfügung stehen?

3. Simone hat während der Herbstferien an einem Trainingslager teilgenommen. Dabei waren folgende Trainingszeiten geplant:

   Mo und Do 9.00 Uhr bis 13.30 Uhr   Di   9.00 Uhr bis 14.00 Uhr
   Mi   9.00 Uhr bis 12.15 Uhr   Fr 10.00 Uhr bis 14.00 Uhr

   a) Wie lange ist durchschnittlich pro Tag höchstens trainiert worden?
   b) Am Dienstag hat das Training nur bis 11.30 Uhr gedauert. Wie lange ist folglich durchschnittlich pro Tag höchstens trainiert worden?

Bald dies, bald das

1. Tanja ist 12 Jahre alt. Ihre Patin sagt: «In 4 Jahren werden wir zusammen genau 50 Jahre alt sein.» Wie alt ist die Patin heute?

2. **Gärtnerei Merz**
   0.55 Fr. pro Salatsetzling
   Pro 10 Setzlinge:
   1 Setzling gratis dazu

   a) Wie viele Setzlinge bekommt Frau Keller für 12.65 Fr.?
   b) Wie viel hat Herr Schmid bezahlen müssen, wenn er 3 Dutzend Setzlinge nach Hause trägt?

3. Susanne und Annette wohnen in benachbarten Dörfern. Die beiden Freundinnen wollen sich treffen. Sie fahren einander mit dem Velo entgegen, jedes Mädchen von seinem Wohnort aus. Nachdem Susanne 1.8 km und Annette das Doppelte hievon zurückgelegt hat, sind beide noch 0.9 km vom vereinbarten Treffpunkt entfernt.
   Wie lang ist die Fahrstrecke zwischen den beiden Wohnorten?

4. Im Herbst erntet Weinbauer Gehring 33 000 kg Trauben. Zwei Drittel der Ernte sind blaue Trauben. Durchschnittlich können 7 dl Rotwein pro kg blauer Trauben gewonnen werden.
   a) Wie viele Liter Wein können von den blauen Trauben gewonnen werden?
   b) Ein halbes Jahr nach der Ernte werden 4000 Flaschen zu 375 ml Rotwein abgefüllt. Wie viele Liter Wein werden dazu gebraucht?
   c) Wie viel Wein wird jede Flasche fassen, wenn 3750 l Rotwein in 7500 gleich grosse Flaschen abgefüllt werden?

5. Die drei erwachsenen Geschwister Roman, Maria und Regine besuchen ihre Eltern regelmässig: Roman alle 2 Wochen, Maria alle 3 Wochen und Regine, weil sie weit weg wohnt, alle 4 Wochen. Sie richten sich so ein, dass sich alle möglichst oft gemeinsam bei den Eltern treffen. In welchen kürzesten Zeitabständen ist das möglich?

6. Ein Geldbetrag von 9 Fr. setzt sich aus Fünfrappen-, Zehnrappen- und Zwanzigrappenstücken zusammen. Dabei sind es doppelt so viele Zehner wie Zwanziger und doppelt so viele Fünfer wie Zehner.
   Wie viele Geldstücke hat es von jeder Sorte?

Zwischenhalt

1. Notiere von den gegebenen Zahlen jeweils diejenigen, welche die entsprechenden Bedingungen erfüllen.

a) «liegt zwischen 467 005 und 476 905 und ist durch 3 teilbar»

476 907
467 036
476 217
467 999
476 144
476 892

b) «liegt näher bei 275 000 als bei 257 000 und ist nicht durch 6 teilbar»

266 986
265 012
267 236
266 370
264 976
266 672

2. Rechne die Terme aus.

a) 1000 · 570
960 000 : 1000
306 · 1000
840 000 : 840

b) 1 000 000 : 100
790 · 100
670 000 : 670
100 · 734

c) 981 · 1000
490 000 : 49
710 000 : 100
100 · 605

3. Gegeben sind die folgenden Zahlen:

95 000, 88 000, 79 000, 76 000, 68 000

Welche zwei muss man addieren, um die nachstehenden Summen zu erhalten?

a) 171 000
b) 164 000
c) 183 000
d) 174 000
e) 147 000
f) 163 000

4. Bestimme die Lösungen.

a) 37 978 = ☐ − 22 069
b) 65 = 99 970 : ☐
c) 63 011 = ☐ − 58 964 + 37 767
d) 1292 = ☐ : 76
e) 81 034 − 42 103 = 57 · ☐
f) ☐ − 49 887 = 49 887 : 69

5. Dividiert man eine Zahl durch 27, so erhält man $\frac{7}{12}$ von 672. Wie heisst die Zahl?

6. Die Zahl ist um 264 grösser als $\frac{4}{15}$ von 3510. Wie heisst die Zahl?

7. $\frac{5}{8}$ von 1280 ist der vierte Teil der Zahl. Wie heisst die Zahl?

8. $\frac{13}{20}$ von 16 200 ist das Neunfache der Zahl. Wie heisst die Zahl?

9. Bestimme die Lösungen.
- a) $500 - \square = 68.502$
- b) $\square : (64 : 4) = 0.365$
- c) $\square - 102.6 = 180 : 75$
- d) $\square : 86 = 3.8 + 2.73$
- e) $\frac{3}{4}$ kg + 16 kg + 234 g = $\square$
- f) 610.4 hl : $\frac{4}{5}$ hl = $\square$
- g) $\square - 0.987$ t = 3 t + 1036 kg
- h) $\frac{13}{20}$ Fr. = 48.10 Fr. : $\square$

10. Franziska ist 12 Jahre alt. Sie sagt zum Vater: «Seit du dreimal so alt warst wie ich jetzt, sind gleich viele Jahre vergangen, wie noch vergehen werden, bis du viermal so alt bist wie ich jetzt.»

11. Wenn Stephanie durchschnittlich 35 Seiten pro Tag in ihrem Bibliotheksbuch lesen würde, brauchte sie 12 Tage, um das ganze Buch zu lesen. Sie benötigt aber nur 10 Tage dafür.

12. Eine Frau kauft 9 Rosen, das Stück zu 2.40 Fr. Eine andere Frau erhält für den gleichen Geldbetrag 3 Rosen mehr.

13. 64 800 Zuschauerinnen und Zuschauer besuchten die 18 Heimspiele des FC A. Beim FC B waren es bei ebenso vielen Heimspielen durchschnittlich 1800 Personen mehr pro Spiel.

14. Hätte Daniel durchschnittlich 4.8 km/h zurückgelegt, hätte er sein Ziel in $2\frac{1}{2}$ h erreicht. Da es sehr warm war, schaffte er durchschnittlich nur 4 km/h.

15. Im Keller wird die Decke isoliert. Der Schreiner arbeitet $9\frac{1}{2}$ h für 73 Fr./h, sein Lehrling $5\frac{1}{2}$ h für 32 Fr./h. Das Material kostet insgesamt 587.80 Fr.

16. Der nebenan abgebildete Würfel kann nicht aus jedem der nachstehenden Würfelnetze gebildet werden. Welches der Netze A bis F kann zu diesem Würfel gefaltet werden?

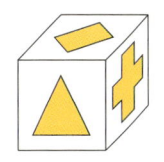

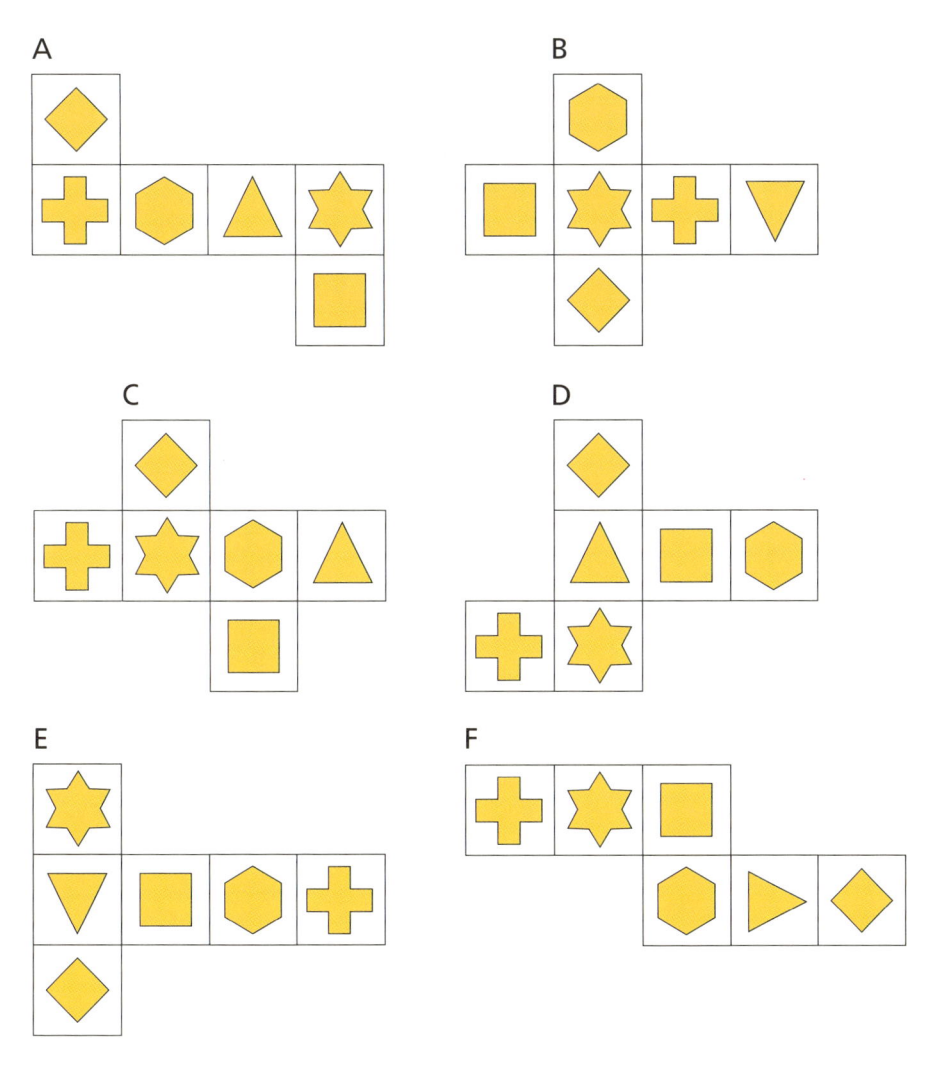

A

B

C

D

E

F

Proportionalität und umgekehrte Proportionalität

Wolfgang Amadeus Mozart (1756–1791) (fakultativ)

Rechnerische und andere Gedanken und Betrachtungen

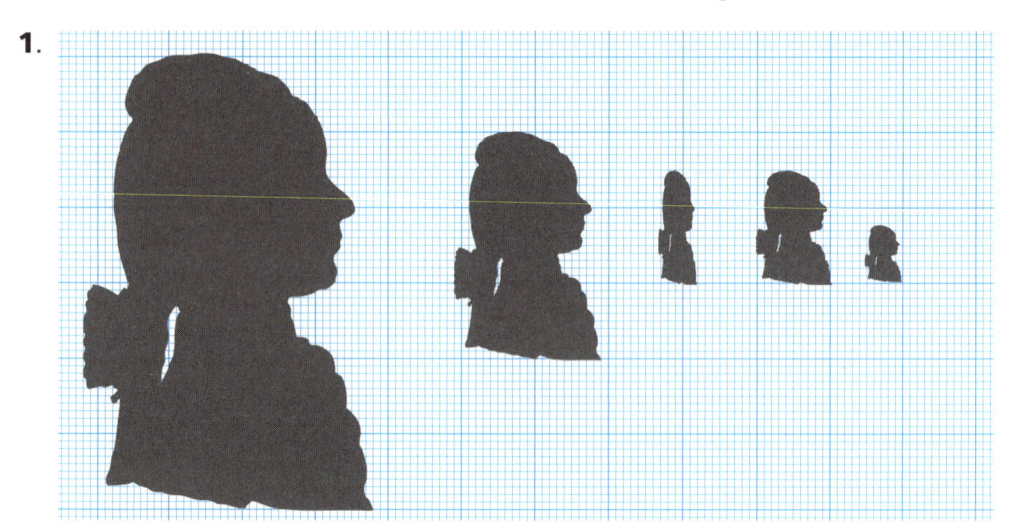

1.

Wolfgang Amadeus Mozart mit 14 Jahren

2. «Schritte und Schrittchen» in einer Melodie

Der Vo-gel-fän-ger bin ich ja, stets lu-stig hei-ssa hop-sa-ssa! Ich Vo-gel-fän-ger bin be-kannt bei Alt und Jung im gan-zen Land, bei Alt und Jung im gan-zen Land. (pfeifen)

Lied des Vogelfängers aus der Oper «Die Zauberflöte», komponiert im Jahr 1791 (gekürzte Fassung)

3. Ein Weg, wie er so oder ähnlich vor einer der vielen grossen Reisen der Familie Mozart hätte begangen werden können.
Mit langen und mit kurzen Beinen.

«Beide Kinder sind wohlauf!»

Wolferl
Nannerl
Vater Leopold Mozart
Mutter Anna Maria Mozart

Taktbeispiele
aus dem Lied
des Vogelfängers

… bin be - kannt bei …

… gan - zen Land bei …

(Vo-o-ge-el-fä-än-ge-er)
… Vo - gel - fän - ger …

(Vo - gel - fä-än-ge-er)
… Vo - gel - fän - ger …

(pfeifen)
… gan - zen Land.

**Wolfgang Amadeus Mozart
mit 14 Jahren**

Eines folgt aus dem anderen

1. a) Die Täferbretter zum Verkleiden der 24 m langen Decke eines Hotelkorridors – alle vom gleichen Typ – sind bereits bestellt. → Jetzt sollen Bretter desselben Typs für ein anschliessendes 12 m langes, gleich breites Deckenstück nachbestellt werden.

b) Man hatte vor, eine bestimmte Holzdecke aus Brettern von 24 cm Breite zusammenzusetzen. → Jetzt sollen aber für diese Decke Bretter von nur 12 cm Breite verwendet werden.

2. a) Für 4 Gäste rechnet man als Beilage zu einem Fleischgericht ein ganzes Krustenbrot. → Es werden aber 8 Gäste erwartet.

b) Ein kleiner runder Fruchtkuchen war für 4 Gäste vorgesehen. → Nun muss er jedoch für 8 Gäste ausreichen.

3. a) Frau Conti weiss, dass es von einem kleinen Paket Blätterteig 10 der beliebten Schinkengipfelchen gibt. → Sie will die beiden kleinen Pakete Blätterteig, die sie im Kühlschrank hat, zu Schinkengipfelchen verarbeiten.

b) Frau Conti könnte eine Dauerwurst mit der Schneidmaschine in Scheiben von 1 mm Dicke schneiden. Das würde pro Person etwa 10 Scheiben ergeben. → Sie stellt aber die Maschine auf 2 mm ein, weil es ihre «Leute» lieber etwas dicker haben.

4. a) Vor 100 Jahren fuhr von Z nach B etwa alle 4 Stunden ein Personenzug, der erste morgens 6 Uhr, der letzte abends 6 Uhr. → Heute fährt in der gleichen Zeitspanne ziemlich genau jede Viertelstunde ein Personenzug von Z nach B.

b) Am Vormittag haben 4 Personen während einer Stunde insgesamt 48 Kleidersäcke verlesen. → Am Nachmittag sollte eigentlich eine einzige Person in 4 Stunden die weiteren Säcke, die noch da sind, verlesen können.

Es hängt davon ab …

… nämlich, ob die Vorräte begrenzt sind oder nicht.
Gehe von den folgenden Gegebenheiten aus.

1. Es geht um Frühstücksgedecke und um Semmeln.

   a) Es hat mehr als genug Semmeln.
   Für 4 Gedecke braucht es 12 Semmeln.

   – Und für 6 Gedecke?
   – Und für 3 Gedecke?
   – Und für 12 Gedecke?

   Notiere:
   *Wenn für 4 Gedecke 12 Semmeln,
   dann für 6 Gedecke …*

   b) Es hat nur eine bestimmte Anzahl Semmeln.
   Es sind 4 Gedecke. Der Vorrat an Semmeln
   reicht für 3 Stück pro Gedeck.

   Nimm an, – es wären 6 Gedecke.
   – es wären 3 Gedecke.
   – es wären 12 Gedecke. Was dann?

   Notiere:
   *Wenn bei 4 Gedecken je 3 Semmeln,
   dann bei 6 Gedecken …*

2. Es geht um Sträusse aus frischen Tulpen.

   a) Es hat mehr als genug Tulpen.
   Für 3 Sträusse braucht es 36 Tulpen.

   – Und für 4 Sträusse?
   – Und für 9 Sträusse?
   – Und für 6 Sträusse?

   b) Es hat nur eine bestimmte Anzahl Tulpen.
   Es soll 3 Sträusse geben. Der Vorrat an Tulpen reicht für 12 Stück
   pro Strauss.

   Nimm an, – es sollten 4 Sträusse sein.
   – es sollten 9 Sträusse sein.
   – es sollten 6 Sträusse sein.
   Was dann?

3. Es geht um Kekse und um Marzipanrübchen zum Garnieren.

  a) Es hat mehr als genug Rübchen.
  Für 4 Kekse braucht es 24 Rübchen.

   – Und für 3 Kekse?
   – Und für 2 Kekse?
   – Und für 6 Kekse?

  b) Es hat nur eine bestimmte Anzahl Rübchen.
  Es soll 4 Kekse geben. Der Vorrat an Rübchen reicht für 6 Stück pro Keks.

  Nimm an, – es sollte 3 Kekse geben.
             – es sollte 2 Kekse geben.
             – es sollte 6 Kekse geben.
  Was dann?

4. Es geht um Kinder, die gern kleine Salzbrezeln knabbern.

  a) Es hat mehr als genug Brezeln.
  Für 5 Kinder braucht es 60 Brezeln.

   – Und für 3 Kinder?
   – Und für 4 Kinder?
   – Und für 10 Kinder?

  b) Es hat nur eine bestimmte Anzahl Brezeln.
  Es sind 5 Kinder. Der Vorrat an Brezeln reicht für 12 Stück pro Kind.

  Nimm an, – es wären 3 Kinder.
             – es wären 4 Kinder.
             – es wären 10 Kinder.
  Was dann?

Die entsprechenden Schlüsse ziehen

Beantworte die Fragen.

1. **a)** Es ist vorgesehen, eine Reisegesellschaft so auf 5 gleich grosse Eisenbahnwagen zu verteilen, dass es auf jeden Wagen durchschnittlich 68 Personen trifft. Nun fällt aber einer der Eisenbahnwagen aus. Wie viele Personen trifft es jetzt durchschnittlich auf einen Wagen?

   b) In 5 gleich grossen Eisenbahnwagen stehen insgesamt 360 Sitzplätze zur Verfügung. Wie viele sind es in 7 solchen Eisenbahnwagen insgesamt?

2. **a)** Eine Familie hat bei regelmässigem Verbrauch in den ersten 14 Tagen des Monats September 56 l Mineralwasser konsumiert. Wie viel wird sie bei gleich bleibendem Verbrauch im ganzen Monat September konsumieren?

   b) Bei einem täglichen Verbrauch von 4 l würde ein Mineralwasservorrat für genau 15 Tage ausreichen. Es zeigt sich jedoch, dass der Verbrauch um 1 l pro Tag grösser ist. Für wie viele Tage wird der Vorrat in diesem Fall ausreichen?

3. **a)** 3 gleich grosse Schachteln sind mit insgesamt 72 Karamellen gefüllt. Wie viele Karamellen fassen 5 solche Schachteln?

   b) Von einer bestimmten Anzahl Karamellen würde es auf 12 Tüten je 15 Stück treffen. Wie viele Karamellen pro Tüte würde es bei nur 9 Tüten geben?

4. **a)** Eine Wanne, in die 30 l Wasser pro min einlaufen, wäre in genau 6 min voll. Wie lange würde es bei einem Zulauf von 18 l/min dauern?

   b) Ein Zulauf bringt in 5 min 75 l Wasser. Im Ganzen sollen es 1200 l Wasser sein. Wie lange wird es dauern, bis das Wasser eingelaufen ist?

Die Fragen liegen in der Luft

Auch ohne «wenn» und «dann» können entsprechende
Fragen in der Luft liegen.
Packe diese Fragen und gib passende Antworten.

1. Für einen Fackellauf wollte man ursprünglich
   10 Läuferinnen und Läufer einsetzen.
   Die einzelnen Laufabschnitte hätten durchschnittlich 400 m betragen.
   Jetzt steht fest, dass 16 Läuferinnen und Läufer
   eingesetzt werden.

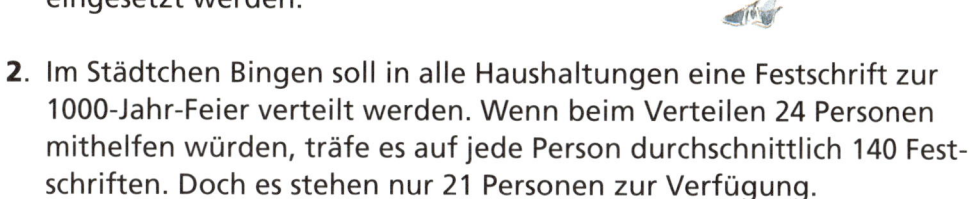

2. Im Städtchen Bingen soll in alle Haushaltungen eine Festschrift zur
   1000-Jahr-Feier verteilt werden. Wenn beim Verteilen 24 Personen
   mithelfen würden, träfe es auf jede Person durchschnittlich 140 Fest-
   schriften. Doch es stehen nur 21 Personen zur Verfügung.

3. Es heisst, dass man bei einem flotten Wanderschritt pro Stunde
   durchschnittlich 4.8 km weit kommt. Danielles Schulweg misst 800 m.
   Meistens kommt sie nur mit halbem Wandertempo vorwärts, weil
   sie immer wieder stehen bleibt.

4. Bei einem Tempo von durchschnittlich 60 km pro h könnte man mit
   dem Auto in 15 Stunden reiner Fahrzeit von Zürich nach Rom
   gelangen. Die Familie Reiser denkt jedoch, dass man bei all den
   Autobahnen mit durchschnittlich 75 km pro h rechnen darf.

5. «60 km pro Stunde» – das würde für die Strecke Zürich–Basel 2 h
   Fahrt bedeuten. Die Strecke Zürich–Genf ist um 150 km länger.

6. Man könnte einen bestimmten Geldbetrag brieflich «überweisen»,
   indem man zum Beispiel 45 Briefmarken zu 70 Rp. beilegt. Natürlich
   könnte man statt Briefmarken zu 70 Rp. auch solche zu 90 Rp.
   beilegen.

Bruchrechnen
Alles aus dem gleichen Grundmuster

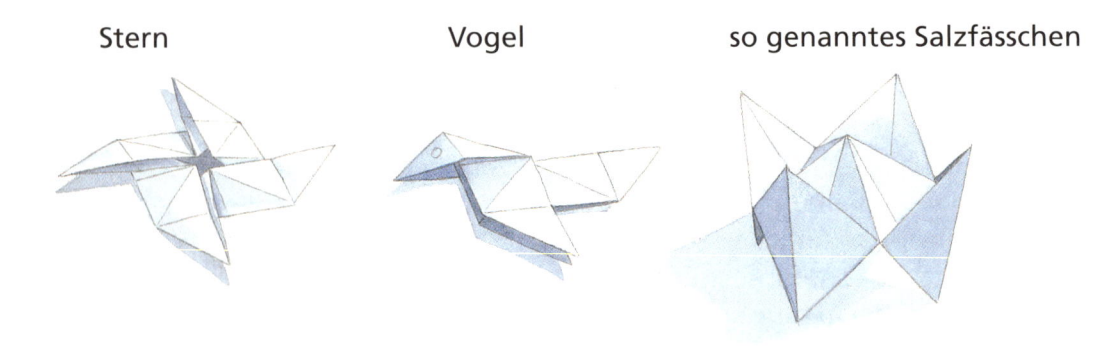

Stern   Vogel   so genanntes Salzfässchen

So faltet und reisst oder schneidet man aus einem Blatt Papier (z.B. Format A4) ein Quadrat:

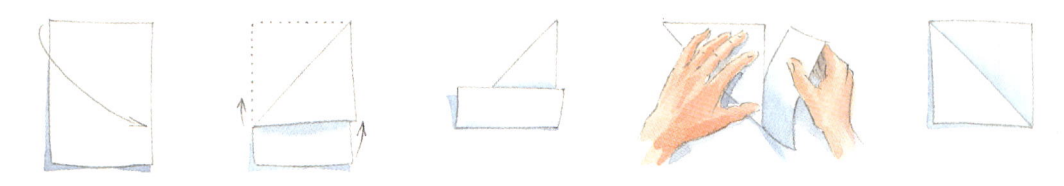

Stell selber ein solches Quadrat her.
Falte es dann gemäss Anleitung, bis du das nebenan abgebildete Grundmuster erhältst.

Das ist die Anleitung:

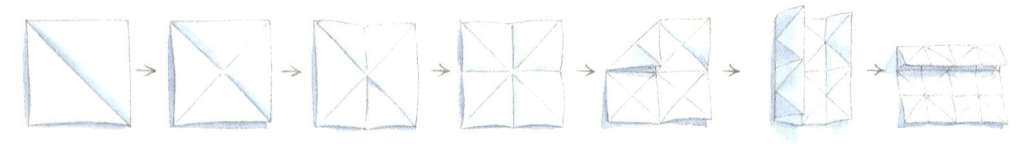

Vielleicht versuchst du jetzt, eine der zuoberst abgebildeten Figuren zu basteln.

38

Bruch-Teile benennen

1. Die nachstehenden Figuren hast du soeben kennen gelernt. Jede stellt 1 (das Ganze) dar. Notiere jeweils die graue Fläche als Bruch.

   a)    b) 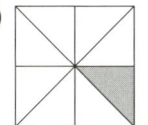   c)    d) 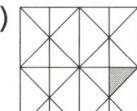 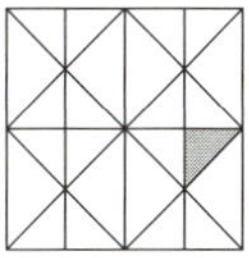   e)

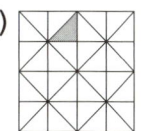

2. Jedes Grundmuster (grosse Quadrat) stellt 1 dar.
   Gib jedes graue Gebiet als Bruch an. Wenn für denselben Bruch verschiedene Benennungen möglich sind, dann darfst du auch verschiedene aufschreiben und sie einander gleichsetzen.

   a)

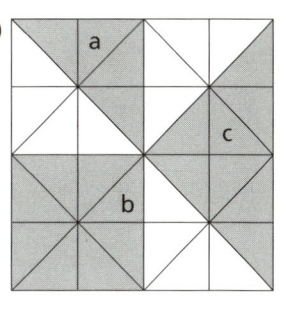

   b) 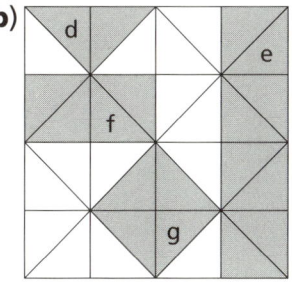   c) 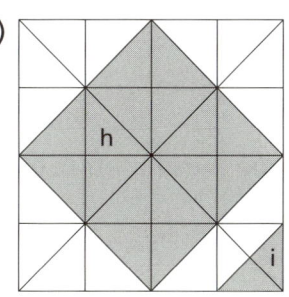   d)

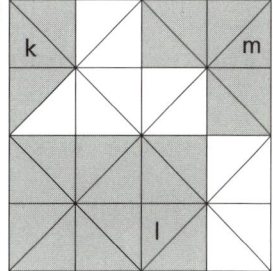

Die folgenden Quadrate sind in lauter gleich grosse (kleine) Quadrate unterteilt.

   e) 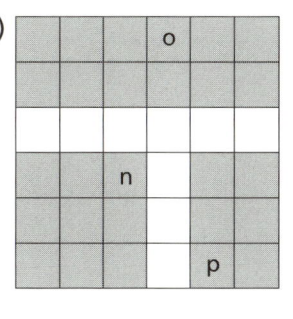   f) 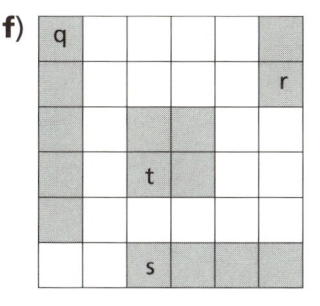   g)

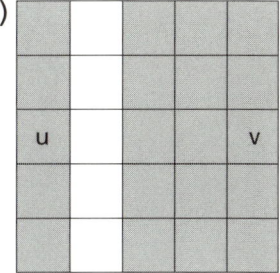

Zahlenkarten mit gleichwertigen Brüchen

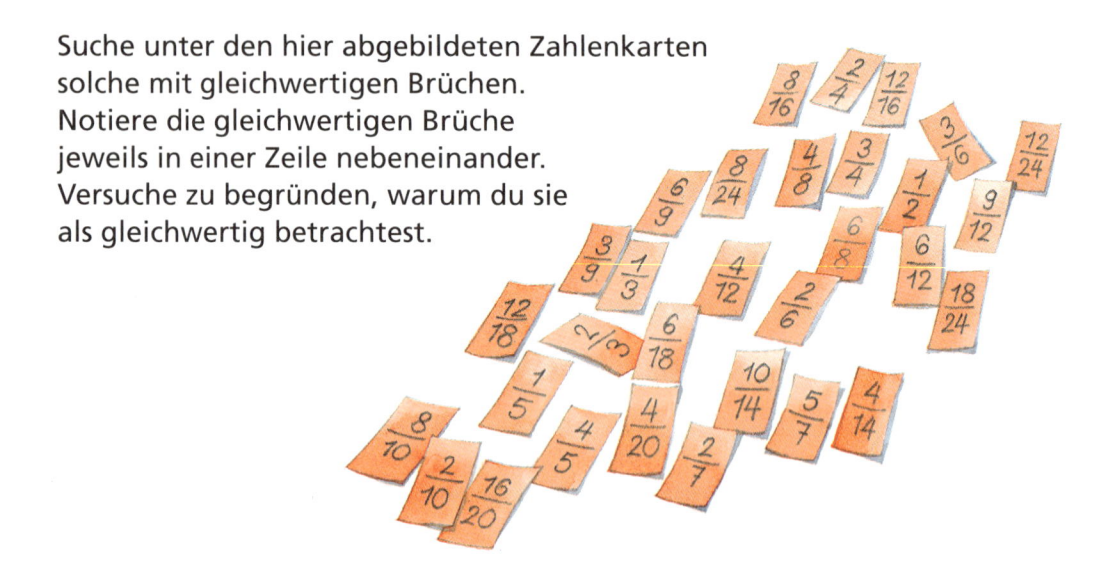

Suche unter den hier abgebildeten Zahlenkarten solche mit gleichwertigen Brüchen. Notiere die gleichwertigen Brüche jeweils in einer Zeile nebeneinander. Versuche zu begründen, warum du sie als gleichwertig betrachtest.

$\frac{8}{16}$, $\frac{2}{4}$, $\frac{12}{16}$, $\frac{3}{6}$, $\frac{12}{24}$, $\frac{6}{9}$, $\frac{8}{24}$, $\frac{4}{8}$, $\frac{3}{4}$, $\frac{1}{2}$, $\frac{9}{12}$, $\frac{3}{9}$, $\frac{1}{3}$, $\frac{4}{12}$, $\frac{6}{8}$, $\frac{6}{12}$, $\frac{18}{24}$, $\frac{12}{18}$, $\frac{2}{3}$, $\frac{6}{18}$, $\frac{10}{14}$, $\frac{5}{7}$, $\frac{4}{14}$, $\frac{1}{5}$, $\frac{8}{10}$, $\frac{4}{5}$, $\frac{4}{20}$, $\frac{2}{7}$, $\frac{2}{10}$, $\frac{16}{20}$

Zähler und Nenner gesucht

Setze für die Platzhalter die passenden Zahlen ein.

1. $\frac{1}{2} = \frac{\square}{10} = \frac{10}{\triangle} = \frac{30}{\square}$

2. $\frac{\square}{3} = \frac{4}{6} = \frac{12}{\triangle} = \frac{\square}{36}$

3. $\frac{\square}{90} = \frac{18}{30} = \frac{\triangle}{15} = \frac{3}{\square}$

4. $\frac{1}{\square} = \frac{\triangle}{21} = \frac{6}{42} = \frac{\square}{84}$

5. $\frac{\square}{3} = \frac{\triangle}{9} = \frac{9}{\square} = \frac{18}{54}$

6. $\frac{36}{\square} = \frac{12}{30} = \frac{\triangle}{10} = \frac{2}{\square}$

7. $\frac{7}{\square} = \frac{\triangle}{30} = \frac{42}{60} = \frac{\square}{180}$

8. $\frac{20}{\square} = \frac{4}{9} = \frac{\triangle}{18} = \frac{\square}{54}$

9. $\frac{625}{1000} = \frac{\square}{200} = \frac{\triangle}{40} = \frac{5}{\square}$

10. $\frac{5}{\square} = \frac{25}{60} = \frac{\triangle}{120} = \frac{60}{\square}$

$$\frac{5}{10} \cdot 16 -$$

$$\frac{36}{9} : 9$$

Erweitern

> **Erweitern** heisst: Zähler **und** Nenner mit der gleichen Zahl vervielfachen.

1. Gegeben sind die Brüche $\frac{4}{5}, \frac{3}{4}, \frac{2}{7}, \frac{5}{6}, \frac{2}{3}, \frac{1}{2}, \frac{3}{10}, \frac{5}{9}$.

Gesucht sind alle diejenigen unter diesen Brüchen, welche sich auf mindestens einen der Brüche mit folgenden Nennern erweitern lassen.

Beispiel: Nenner achtzehn

$$\frac{5}{6} = \frac{15}{18}, \quad \frac{2}{3} = \frac{12}{18}, \quad \frac{1}{2} = \frac{9}{18}, \quad \frac{5}{9} = \frac{10}{18}$$

$$\frac{5}{6} \xrightarrow{\cdot 3} \frac{15}{18}$$

a) acht
b) zehn
c) zwölf
d) fünfzehn
e) zwanzig
f) vierundzwanzig
g) fünfundzwanzig
h) vierzig
i) vierundfünfzig

Kürzen, was zu kürzen ist

Wähle aus den folgenden Brüchen nur diejenigen aus, die sich kürzen lassen. Notiere gemäss

Beispiel: 4.d) $\frac{12}{18} = \frac{6}{9} = \frac{2}{3}$ oder

$\frac{12}{18} = \frac{2}{3}$

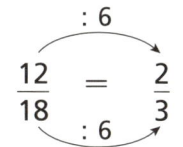

$\frac{12}{18} \xrightarrow{:6} \frac{2}{3}$

> **Kürzen** heisst: Zähler **und** Nenner durch die gleiche Zahl teilen.

2. a) $\frac{2}{3}$ b) $\frac{2}{5}$ c) $\frac{4}{6}$ d) $\frac{5}{6}$ e) $\frac{6}{7}$ f) $\frac{6}{8}$ g) $\frac{4}{8}$ h) $\frac{3}{9}$

3. a) $\frac{2}{9}$ b) $\frac{6}{9}$ c) $\frac{3}{10}$ d) $\frac{6}{10}$ e) $\frac{8}{10}$ f) $\frac{9}{10}$ g) $\frac{4}{11}$ h) $\frac{10}{11}$

4. a) $\frac{10}{12}$ b) $\frac{5}{12}$ c) $\frac{8}{12}$ d) $\frac{12}{18}$ e) $\frac{1}{13}$ f) $\frac{7}{14}$ g) $\frac{5}{15}$ h) $\frac{12}{15}$

5. a) $\frac{12}{16}$ b) $\frac{4}{16}$ c) $\frac{15}{17}$ d) $\frac{3}{18}$ e) $\frac{9}{12}$ f) $\frac{14}{18}$ g) $\frac{19}{19}$ h) $\frac{12}{20}$

6. a) $\frac{2}{20}$ b) $\frac{15}{20}$ c) $\frac{17}{20}$ d) $\frac{6}{21}$ e) $\frac{8}{24}$ f) $\frac{5}{24}$ g) $\frac{18}{24}$ h) $\frac{15}{25}$

«Schwierige» Brüche kürzen

Kürze die «schwierigen» Brüche $\frac{112}{168}$ und $\frac{396}{693}$.

Mit Vorteil versucht man, schwierige Brüche immer zuerst mit 2 zu kürzen. Wenn das nicht mehr geht, dann versucht man es der Reihe nach mit 3, 5, 7, 11 ... – Warum wohl?

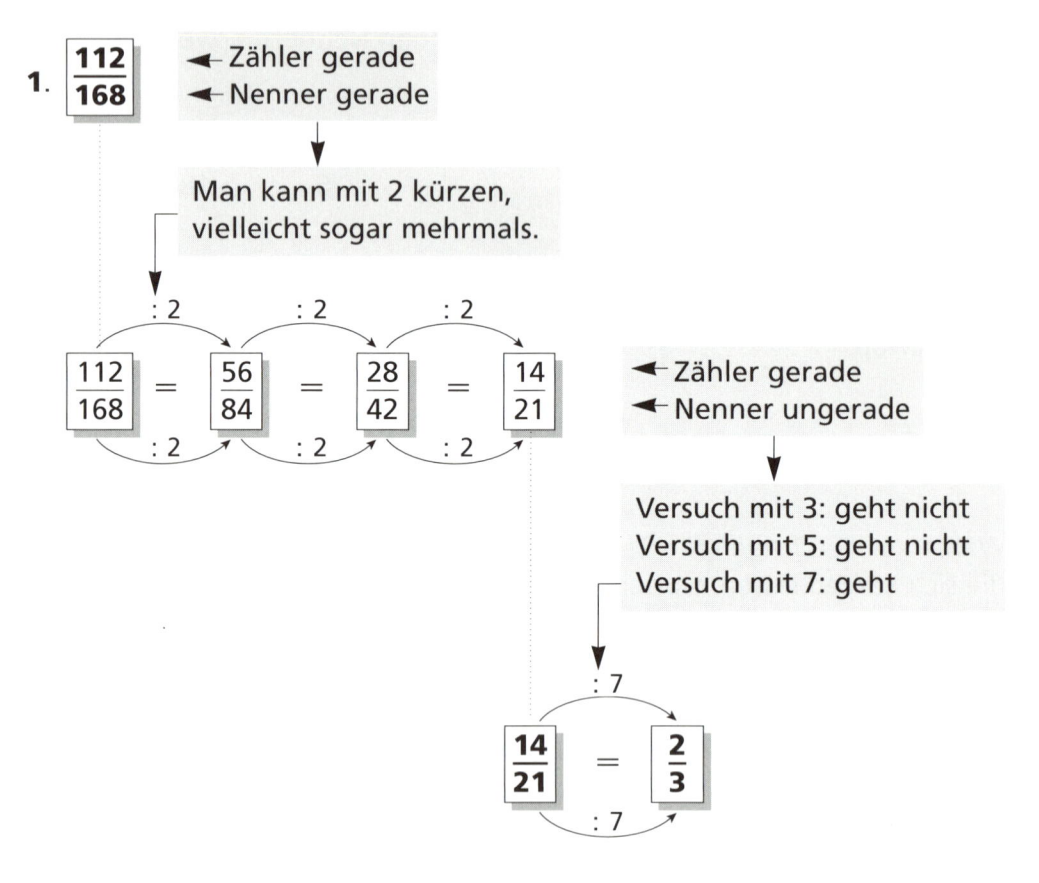

1. $\frac{112}{168}$ ← Zähler gerade
   ← Nenner gerade

Man kann mit 2 kürzen, vielleicht sogar mehrmals.

$$\frac{112}{168} \stackrel{:2}{=} \frac{56}{84} \stackrel{:2}{=} \frac{28}{42} \stackrel{:2}{=} \frac{14}{21}$$

← Zähler gerade
← Nenner ungerade

Versuch mit 3: geht nicht
Versuch mit 5: geht nicht
Versuch mit 7: geht

$$\frac{14}{21} \stackrel{:7}{=} \frac{2}{3}$$

Womit hat man im Ganzen gekürzt? – Mit 2 · 2 · 2 · 7, also mit 56.

$$\frac{112}{168} \stackrel{:56}{=} \frac{2}{3}$$

2. $\dfrac{396}{693}$ ← Zähler gerade
← Nenner ungerade

Versuch mit 3: geht

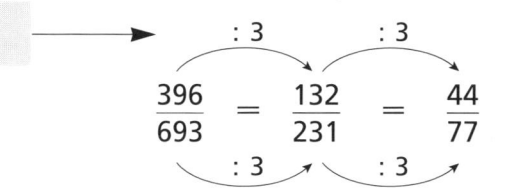

$$\dfrac{396}{693} \overset{:3}{\underset{:3}{=}} \dfrac{132}{231} \overset{:3}{\underset{:3}{=}} \dfrac{44}{77}$$

Versuch mit 5: geht nicht
Versuch mit 7: geht nicht
Versuch mit 11: geht

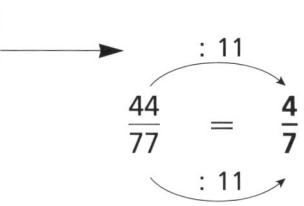

$$\dfrac{44}{77} \overset{:11}{\underset{:11}{=}} \dfrac{4}{7}$$

Im Ganzen gekürzt mit 3 · 3 · 11, also mit 99.

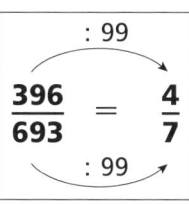

$$\dfrac{396}{693} \overset{:99}{\underset{:99}{=}} \dfrac{4}{7}$$

Kürze die folgenden Brüche wenn möglich vollständig.

3. $\dfrac{72}{180}$ **4.** $\dfrac{100}{175}$ **5.** $\dfrac{49}{60}$ **6.** $\dfrac{81}{108}$ **7.** $\dfrac{66}{110}$

8. $\dfrac{60}{225}$ **9.** $\dfrac{17}{84}$ **10.** $\dfrac{150}{625}$ **11.** $\dfrac{96}{144}$ **12.** $\dfrac{32}{315}$

13. $\dfrac{51}{60}$ **14.** $\dfrac{17}{51}$ **15.** $\dfrac{270}{405}$ **16.** $\dfrac{180}{500}$ **17.** $\dfrac{189}{315}$

18. $\dfrac{1500}{9000}$ **19.** $\dfrac{121}{132}$ **20.** $\dfrac{216}{540}$ **21.** $\dfrac{99}{100}$ **22.** $\dfrac{560}{1400}$

23. $\dfrac{129}{172}$ **24.** $\dfrac{156}{975}$ **25.** $\dfrac{324}{576}$ **26.** $\dfrac{450}{525}$ **27.** $\dfrac{243}{625}$

End-Ergebnisse vollständig kürzen

Vorweg zwei Probleme und ihre Lösung:

- Rechne $3 \cdot \frac{9}{16}$ aus.   Lösung: $3 \cdot \frac{9}{16} = \frac{9}{16} + \frac{9}{16} + \frac{9}{16} = \frac{27}{16}$

- Rechne $\frac{9}{16} : 3$ aus.   Lösung: $\frac{9}{16} : 3 = \frac{3}{16}$

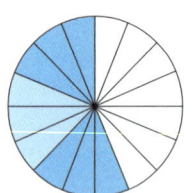

Rechne jetzt die Terme aus und kürze sie anschliessend vollständig.

Beispiele: $\frac{2}{9} + \frac{4}{9}$ $\qquad \frac{2}{9} + \frac{4}{9} = \frac{6}{9} = \frac{2}{3}$

$6 \cdot \frac{5}{42}$ $\qquad 6 \cdot \frac{5}{42} = \frac{30}{42} = \frac{15}{21} = \frac{5}{7}$

1. $5 \cdot \frac{1}{10}$

$1 - \frac{17}{20}$

$\frac{1}{16} + \frac{3}{16}$

$\frac{1}{9} + \frac{2}{9}$

$\frac{13}{24} - \frac{5}{24}$

2. $\frac{1}{36} + \frac{5}{36}$

$\frac{12}{15} : 2$

$4 \cdot \frac{3}{16}$

$\frac{11}{12} - \frac{5}{12}$

$1 - (\frac{3}{20} + \frac{1}{20})$

3. $\frac{2}{15} + \frac{1}{15} + \frac{2}{15}$

$\frac{3}{16} + \frac{7}{16}$

$\frac{9}{8} : 3$

$\frac{13}{70} + \frac{27}{70}$

$3 \cdot \frac{2}{9}$

4. $(4 \cdot \frac{3}{7}) - \frac{5}{7}$

$2 \cdot \frac{3}{10}$

$\frac{18}{20} : 3$

$5 \cdot (\frac{9}{25} - \frac{7}{25})$

$1 - (\frac{4}{15} + \frac{7}{15})$

5. $2 - (2 \cdot \frac{7}{12})$

$(5 \cdot \frac{3}{8}) - (\frac{6}{8} + \frac{7}{8})$

$1 - (3 \cdot \frac{2}{15})$

$\frac{11}{20} + \frac{7}{20} - (2 \cdot \frac{3}{20})$

$\frac{20}{24} : 5$

6. $3 \cdot \frac{4}{15}$

$\frac{7}{20} + \frac{6}{20}$

$\frac{23}{24} - \frac{11}{24}$

$(3 \cdot \frac{5}{12}) - \frac{1}{2}$

$\frac{16}{25} + \frac{6}{25} - \frac{4}{25}$

7. $4 \cdot \frac{3}{20}$

$\frac{7}{10} + \frac{1}{10}$

$\frac{13}{16} - \frac{5}{16}$

$1 - \frac{11}{24}$

$2 \cdot \frac{5}{12}$

8. $2 - (2 \cdot \frac{5}{8})$

$\frac{2}{15} + (2 \cdot \frac{4}{15})$

$(4 \cdot \frac{9}{20}) - (7 \cdot \frac{3}{20})$

$5 \cdot \frac{4}{25}$

$1 - (3 \cdot \frac{5}{24})$

9. $6 \cdot \frac{2}{21}$

$\frac{13}{81} + \frac{24}{81} + \frac{8}{81}$

$\frac{21}{32} : 7$

$\frac{75}{125} : 5$

$1 - (4 \cdot \frac{3}{40})$

Kleiner als – gleich – grösser als

Notiere die Terme, welche miteinander verglichen werden sollen, und setze für den Platzhalter das passende der Beziehungszeichen <, =, > ein.

1. $\frac{1}{10} \diamond \frac{1}{9}$
   $\frac{3}{6} \diamond \frac{1}{2}$
   $\frac{21}{40} \diamond \frac{11}{20}$
   $\frac{25}{100} \diamond \frac{1}{4}$
   $\frac{1}{3} \diamond \frac{1}{4}$

2. $\frac{7}{8} \diamond \frac{9}{10}$
   $\frac{12}{16} \diamond \frac{3}{4}$
   $\frac{7}{12} \diamond \frac{6}{10}$
   $0.9 \diamond \frac{9}{10}$
   $\frac{4}{5} \diamond \frac{5}{4}$

3. $\frac{1}{8} \diamond 0.8$
   $\frac{2}{10} \diamond \frac{1}{5}$
   $\frac{1}{15} \diamond \frac{1}{12}$
   $\frac{9}{10} \diamond \frac{10}{11}$
   $\frac{5}{6} \diamond \frac{10}{12}$

4. $\frac{3}{8} \diamond \frac{3}{7}$
   $\frac{4}{8} \diamond \frac{3}{6}$
   $\frac{7}{100} \diamond 0.07$
   $\frac{2}{3} \diamond \frac{5}{6}$
   $\frac{1}{2} \diamond \frac{12}{24}$

5. $\frac{2}{11} \diamond \frac{2}{13}$
   $\frac{2}{4} \diamond \frac{5}{10}$
   $\frac{3}{4} \diamond \frac{6}{8}$
   $0.09 \diamond \frac{9}{1000}$
   $\frac{5}{6} \diamond \frac{4}{5}$

6. $\frac{9}{12} \diamond \frac{3}{4}$
   $\frac{3}{10} \diamond \frac{2}{8}$
   $\frac{3}{7} \diamond \frac{5}{9}$
   $\frac{1}{2} \diamond 0.5$
   $\frac{1}{3} \diamond \frac{5}{15}$

7. $(\frac{5}{12} + \frac{13}{12}) : 3 \diamond \frac{1}{6} + 1 - \frac{5}{6}$
   $1 : 3 \diamond 1 - \frac{7}{9}$
   $1 - (\frac{3}{10} + \frac{1}{10}) \diamond 1 - (3 \cdot \frac{2}{15})$
   $2 - (\frac{6}{8} + \frac{7}{8}) \diamond (\frac{3}{4} + \frac{3}{4}) - 1$

8. $(\frac{7}{8} + \frac{5}{8}) : 2 \diamond 1 + \frac{1}{2} - \frac{3}{4}$
   $(2 \cdot \frac{5}{6}) - 1 \diamond \frac{3}{12} + \frac{5}{12}$
   $(\frac{13}{16} + \frac{5}{16}) : 3 \diamond 3 \cdot \frac{5}{24}$
   $(4 \cdot \frac{2}{9}) - \frac{1}{3} \diamond \frac{11}{18} + \frac{4}{18} - \frac{7}{18}$

Ganze und Brüche – gemischte Zahlen

Beispiele: $\dfrac{5}{4} = \dfrac{4}{4} + \dfrac{1}{4} = 1 + \dfrac{1}{4} = $ in Kurzform als gemischte Zahl $1\dfrac{1}{4}$

$\dfrac{5}{4}$ h $= 1$ h $+ \dfrac{1}{4}$ h $= 1\dfrac{1}{4}$ h $= 1$ h 15 min

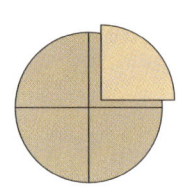

Kürze die Brüche wo möglich vollständig und notiere sie als gemischte Zahlen.

Beispiele: $\dfrac{40}{12} = \dfrac{10}{3} = 3\dfrac{1}{3}$ $\qquad$ $\dfrac{63}{7}$ W. $= \dfrac{9}{1}$ W. $= 9$ W.

1. $\dfrac{7}{4}$ $\qquad$ 2. $\dfrac{23}{10}$ cm $\qquad$ 3. $\dfrac{18}{4}$ $\qquad$ 4. $\dfrac{27}{12}$

   $\dfrac{9}{2}$ $\qquad\quad$ $\dfrac{23}{6}$ d $\qquad\quad\;\;$ $\dfrac{40}{8}$ $\qquad\quad\;\;$ $\dfrac{26}{3}$

   $\dfrac{11}{3}$ $\qquad\quad$ $\dfrac{23}{8}$ kg $\qquad\quad$ $\dfrac{27}{6}$ $\qquad\quad\;\;$ $\dfrac{45}{15}$

   $\dfrac{8}{5}$ $\qquad\quad$ $\dfrac{23}{7}$ W. $\qquad\quad$ $\dfrac{16}{10}$ $\qquad\quad$ $\dfrac{30}{8}$

Beispiele: $2\dfrac{3}{5} = 2 + \dfrac{3}{5} = \dfrac{5}{5} + \dfrac{5}{5} + \dfrac{3}{5} = \dfrac{13}{5}$

$4\dfrac{3}{8}$ km $= 4$ km $+ \dfrac{3}{8}$ km $= 4$ km $+ \dfrac{3}{8}$ von 1 km
$\qquad\qquad\; = 4$ km $+ 375$ m $= $ **4.375 km**

Notiere jede Grösse in «üblicher» Form und nachher als Bruch.

Beispiele: $5\dfrac{3}{4}$ h $= 5$ h 45 min $\qquad$ $3\dfrac{1}{2}$ l $= 3$ l 500 g oder: $3\dfrac{1}{2}$ l $= 3.5$ l

$\qquad\quad\;\; 5\dfrac{3}{4}$ h $= \dfrac{23}{4}$ h $\qquad\qquad\quad\;\; 3\dfrac{1}{2}$ l $= \dfrac{7}{2}$ l

5. $3\dfrac{1}{4}$ h $\qquad$ 6. $1\dfrac{5}{8}$ km $\qquad$ 7. $2\dfrac{3}{5}$ l $\qquad$ 8. $3\dfrac{7}{10}$ h

   $2\dfrac{2}{3}$ h $\qquad\quad$ $4\dfrac{4}{5}$ t $\qquad\quad\;$ $6\dfrac{2}{5}$ h $\qquad\quad\;$ $5\dfrac{4}{5}$ hl

   $7\dfrac{1}{2}$ l $\qquad\quad\;$ $1\dfrac{1}{4}$ J. $\qquad\quad$ $3\dfrac{3}{8}$ kg $\qquad\quad$ $2\dfrac{3}{40}$ km

   $8\dfrac{3}{4}$ m $\qquad\quad$ $5\dfrac{3}{4}$ min $\qquad$ $4\dfrac{1}{2}$ J. $\qquad\quad$ $8\dfrac{5}{6}$ min

Brüche vervielfachen und teilen

Du weisst:

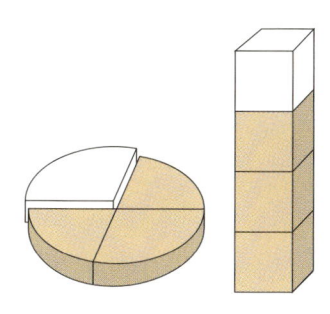

$\frac{3}{4}$ von 12 $= (12 : 4) \cdot 3$
$\phantom{\frac{3}{4} \text{ von } 12} = 3 \cdot (12 : 4) = 3 \cdot 3 = 9$

$\frac{3}{4}$ von 1 $= (1 : 4) \cdot 3$
$\phantom{\frac{3}{4} \text{ von } 1} = 3 \cdot (1 : 4)$
$\phantom{\frac{3}{4} \text{ von } 1} = 3 \cdot \frac{1}{4} = \frac{1}{4} + \frac{1}{4} + \frac{1}{4} = \frac{3}{4}$

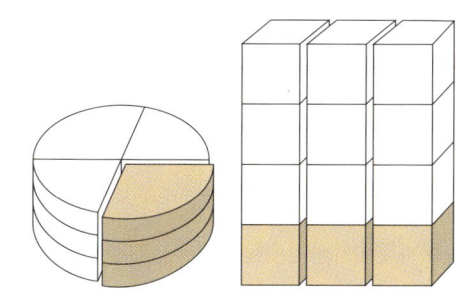

$\frac{1}{4}$ von 3 $= (3 : 4) \cdot 1$
$\phantom{\frac{1}{4} \text{ von } 3} = 1 \cdot (3 : 4)$
$\phantom{\frac{1}{4} \text{ von } 3} = 3 : 4 = \frac{3}{4}$

Rechne die Terme aus und kürze wo möglich vollständig.

1. $2 \cdot \frac{1}{3}$
$\; 2 \cdot \frac{2}{3}$
$\; \frac{6}{3} : 3$
$\; 2 : 3$

2. $4 \cdot \frac{1}{5}$
$\; \frac{12}{5} : 3$
$\; 4 : 5$
$\; 5 \cdot \frac{4}{5}$

3. $1 : 8$
$\; 4 \cdot \frac{5}{8}$
$\; 5 : 8$
$\; 8 \cdot \frac{3}{8}$

4. $18 \cdot \frac{1}{9}$
$\; 2 : 9$
$\; 5 \cdot \frac{2}{9}$
$\; 9 \cdot \frac{2}{9}$

5. $\frac{15}{6} : 3$
$\; 5 : 6$
$\; 30 \cdot \frac{1}{6}$
$\; 6 \cdot \frac{5}{6}$

6. $4 \cdot \frac{7}{10}$
$\; 10 \cdot \frac{7}{10}$
$\; 8 : 10$
$\; 10 : 8$

7. $14 \cdot \frac{1}{7}$
$\; 14 : 7$
$\; 4 \cdot \frac{16}{9}$
$\; \frac{16}{9} : 4$

8. $3 \cdot \frac{3}{12}$
$\; 12 \cdot \frac{1}{12}$
$\; \frac{84}{12} : 12$
$\; 7 : 12$

Kürzen ist nicht Teilen

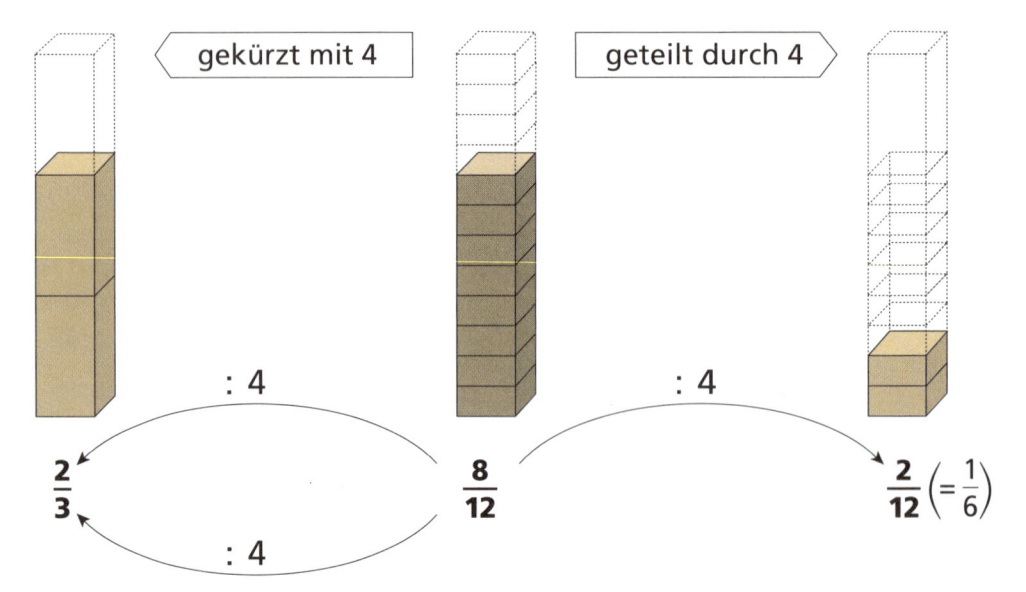

gekürzt mit 4   geteilt durch 4

$$\frac{2}{3} \xleftarrow{:4} \frac{8}{12} \xrightarrow{:4} \frac{2}{12}\left(=\frac{1}{6}\right)$$

Kürzen heisst:
Zähler **und** Nenner (durch die gleiche Zahl) teilen.

Teilen heisst:
Nur den Zähler teilen.

Notiere im Folgenden die entsprechenden Terme und rechne sie aus.

Beispiele: Kürze $\frac{16}{24}$.   Teile $\frac{16}{24}$ durch 4.   Teile 2 durch 8.

$\frac{16}{24} = \frac{4}{6} = \frac{2}{3}$ $\frac{16}{24} : 4 = \frac{4}{24} = \frac{1}{6}$ $2 : 8 = \frac{2}{8} = \frac{1}{4}$

1. a) Teile $\frac{10}{12}$ durch 5.

b) Kürze $\frac{10}{12}$.

c) Kürze $\frac{6}{12}$.

d) Teile $\frac{6}{12}$ durch 2.

2. a) Kürze $\frac{15}{24}$.

b) Teile $\frac{15}{24}$ durch 3.

c) Teile $\frac{16}{24}$ durch 2.

d) Kürze $\frac{16}{24}$.

3. a) Teile $\frac{9}{15}$ durch 3.

b) Kürze $\frac{9}{15}$.

c) Kürze $\frac{10}{15}$.

d) Teile $\frac{10}{15}$ durch 2.

4. a) Kürze $\frac{16}{20}$.

b) Teile 1 durch 7.

c) Teile $\frac{6}{10}$ durch 2.

d) Kürze $\frac{35}{60}$.

Erweitern ist nicht Vervielfachen

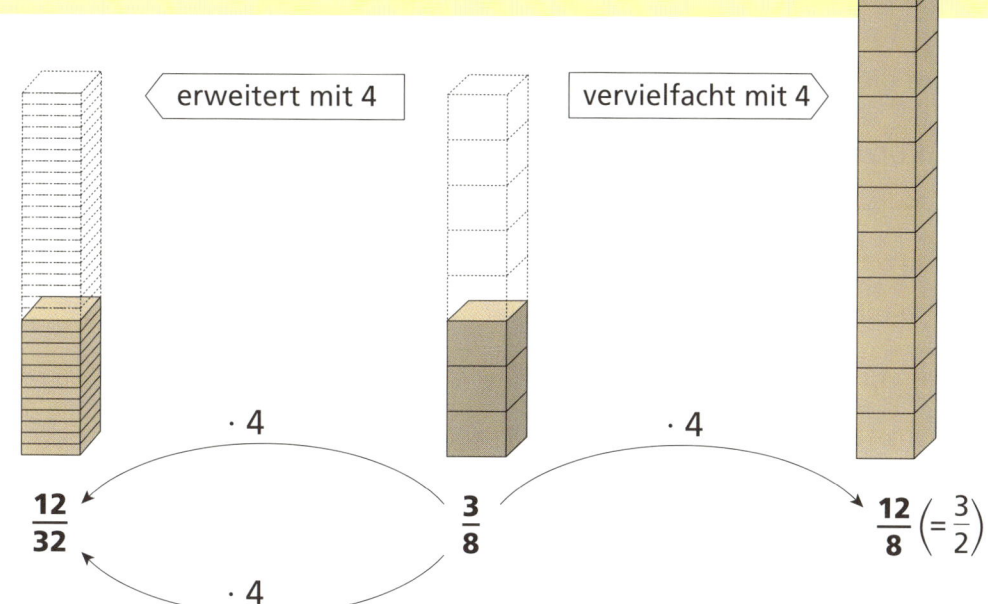

$\dfrac{12}{32}$ ←·4— $\dfrac{3}{8}$ —·4→ $\dfrac{12}{8}\left(=\dfrac{3}{2}\right)$

(unten: ·4)

Erweitern heisst:
Zähler **und** Nenner (mit der gleichen Zahl) vervielfachen.

Vervielfachen heisst:
Nur den Zähler vervielfachen.

Notiere im Folgenden die entsprechenden Terme und rechne sie aus.

Beispiele: Erweitere $\dfrac{3}{10}$ mit 4. Vervielfache $\dfrac{3}{10}$ mit 4.

$\dfrac{3}{10} = \dfrac{12}{40}$ $4 \cdot \dfrac{3}{10} = \dfrac{12}{10} = \dfrac{6}{5}$

1. a) Vervielfache $\dfrac{1}{6}$ mit 3.
   b) Erweitere $\dfrac{1}{6}$ mit 3.
   c) Vervielfache $\dfrac{2}{7}$ mit 6.
   d) Teile $\dfrac{12}{7}$ durch 4.

2. a) Erweitere $\dfrac{3}{20}$ mit 4.
   b) Vervielfache $\dfrac{3}{20}$ mit 4.
   c) Teile 20 durch 4.
   d) Teile 4 durch 20.

3. a) Teile $\dfrac{30}{16}$ durch 15.
   b) Erweitere $\dfrac{1}{8}$ mit 8.
   c) Vervielfache $\dfrac{1}{8}$ mit 64.
   d) Erweitere $\dfrac{5}{12}$ mit 7.

4. a) Vervielfache 7 mit 6.
   b) Teile 42 durch 3.
   c) Teile 3 durch 42.
   d) Teile 1 durch 14.

Kürzen – teilen – erweitern – vervielfachen

Notiere die Terme und rechne sie aus.

1. a) Kürze $\frac{9}{12}$.
   b) Teile 3 durch 12.
   c) Erweitere $\frac{9}{16}$ mit 5.
   d) Vervielfache $\frac{2}{25}$ mit 25.

2. a) Vervielfache $\frac{4}{25}$ mit 5.
   b) Teile $\frac{18}{24}$ durch 9.
   c) Kürze $\frac{21}{24}$.
   d) Erweitere $\frac{21}{24}$ mit 3.

3. a) Teile 9 durch 24.
   b) Kürze $\frac{15}{15}$.
   c) Kürze $\frac{12}{21}$.
   d) Vervielfache $\frac{3}{80}$ mit 15.

4. a) Erweitere $\frac{3}{5}$ mit 9.
   b) Teile 15 durch 12.
   c) Vervielfache $\frac{5}{12}$ mit 12.
   d) Vervielfache $\frac{12}{5}$ mit 2.

5. a) Vervielfache $\frac{10}{9}$ mit 3.
   b) Vervielfache $\frac{1}{2}$ mit 1000.
   c) Teile $\frac{27}{30}$ durch 3.
   d) Erweitere $\frac{9}{10}$ mit 8.

6. a) Teile 3 durch 15.
   b) Kürze $\frac{165}{385}$.
   c) Teile $\frac{100}{100}$ durch 10.
   d) Erweitere $\frac{3}{10}$ mit 10.

Ungleichnamige Brüche – Ungleiches vergleichbar machen

Mache ungleichnamige Brüche gleichnamig, das heisst, forme sie in Brüche mit gleichem Nenner um. Dann lassen sie sich auch gut vergleichen, und ihr Unterschied kann ohne weiteres ausgerechnet werden.

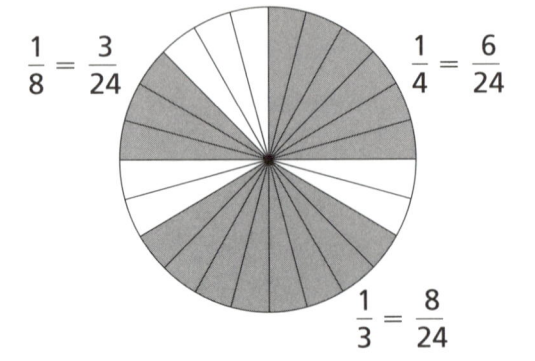

$\frac{1}{8} = \frac{3}{24}$

$\frac{1}{4} = \frac{6}{24}$

$\frac{1}{3} = \frac{8}{24}$

Mache die gegebenen Brüche gleichnamig und bestimme ihren Unterschied.

Beispiele:

$\frac{1}{3}, \frac{3}{8}$ Notiere – den gemeinsamen Nenner: 24

– die gleichnamigen Brüche: $\frac{8}{24}, \frac{9}{24}$

– den Unterschied: $\frac{9}{24} - \frac{8}{24} = \frac{1}{24}$

$\frac{7}{8}, \frac{5}{6}$ Notiere – den gemeinsamen Nenner: 48; günstiger: 24

– die gleichnamigen Brüche: $\frac{42}{48}, \frac{40}{48}$

– den Unterschied: $\frac{42}{48} - \frac{40}{48} = \frac{2}{48} = \frac{1}{24}$

vollständig gekürzt

1. a) $\frac{1}{2}, \frac{7}{8}$
   b) $\frac{7}{12}, \frac{1}{2}$
   c) $\frac{1}{4}, \frac{5}{12}$
   d) $\frac{7}{8}, \frac{3}{4}$

2. a) $\frac{1}{2}, \frac{5}{10}$
   b) $\frac{3}{20}, \frac{1}{4}$
   c) $\frac{3}{4}, \frac{15}{20}$
   d) $\frac{9}{20}, \frac{1}{2}$

3. a) $\frac{5}{12}, \frac{3}{4}$
   b) $\frac{1}{2}, \frac{12}{24}$
   c) $\frac{11}{16}, \frac{3}{4}$
   d) $\frac{1}{2}, \frac{5}{6}$

4. a) $\frac{1}{4}, \frac{3}{10}$
   b) $\frac{2}{3}, \frac{7}{8}$
   c) $\frac{3}{5}, \frac{1}{2}$
   d) $\frac{3}{4}, \frac{4}{5}$

5. a) $\frac{4}{7}, \frac{1}{2}$
   b) $\frac{2}{3}, \frac{4}{5}$
   c) $\frac{4}{9}, \frac{3}{4}$
   d) $\frac{5}{6}, \frac{5}{8}$

6. a) $\frac{4}{6}, \frac{6}{9}$
   b) $\frac{3}{5}, \frac{5}{6}$
   c) $\frac{7}{15}, \frac{5}{12}$
   d) $\frac{5}{8}, \frac{7}{10}$

7. Mache die Brüche gleichnamig und ordne sie nach ihrer Grösse.

Beispiel: $\frac{1}{2}, \frac{3}{4}, \frac{3}{6}, \frac{7}{12}$ Notiere: $\frac{1}{2}, \frac{3}{4}, \frac{3}{6}, \frac{7}{12}$ $\frac{6}{12}, \frac{9}{12}, \frac{6}{12}, \frac{7}{12}$

$\frac{1}{2} = \frac{3}{6} < \frac{7}{12} < \frac{3}{4}$

a) $\frac{3}{4}, \frac{7}{10}, \frac{17}{20}, \frac{4}{5}$
b) $\frac{5}{9}, \frac{7}{12}, \frac{5}{6}, \frac{15}{18}$
c) $\frac{5}{8}, \frac{3}{4}, \frac{19}{32}, \frac{9}{16}$
d) $\frac{3}{5}, \frac{8}{15}, \frac{5}{12}, \frac{13}{20}$

Brüche vergleichen

Ordne die folgenden Brüche der Grösse nach. Beginne jeweils mit dem kleinsten.

1. a) $\frac{1}{8}, \frac{1}{5}, \frac{1}{3}, \frac{1}{10}, \frac{1}{12}, \frac{1}{7}$ d) $\frac{3}{8}, \frac{1}{2}, \frac{3}{4}, \frac{8}{9}, \frac{4}{9}, \frac{3}{5}$

   b) $\frac{2}{9}, \frac{2}{11}, \frac{2}{3}, \frac{2}{15}, \frac{1}{2}, \frac{2}{25}$ e) $\frac{1}{2}, \frac{7}{10}, \frac{5}{8}, \frac{1}{4}, \frac{2}{11}, \frac{3}{10}$

   c) $\frac{5}{6}, \frac{7}{8}, \frac{14}{15}, \frac{3}{4}, \frac{8}{8}, \frac{9}{10}$ f) $\frac{20}{24}, \frac{15}{15}, \frac{20}{25}, \frac{21}{30}, \frac{1}{2}, \frac{18}{27}$

2. Wie gross ist der Unterschied zwischen

   a) $\frac{1}{3}$ und $\frac{1}{4}$?   b) $\frac{2}{3}$ und $\frac{3}{4}$?   c) $\frac{5}{8}$ und $\frac{5}{6}$?   d) $\frac{3}{4}$ und $\frac{7}{10}$?

Ergänzen auf 1

Mache die Brüche gleichnamig und bestimme die Lösungen der Gleichungen. Kürze diese vollständig, wo das möglich ist.

Beispiel: $\frac{1}{4} + \frac{11}{20} + \square = 1$

     Notiere: $\frac{5}{20} + \frac{11}{20} + \frac{4}{20} = 1$

                      $\frac{4}{20} = \frac{1}{5}$

3. $\frac{1}{2} + \frac{1}{6} + \square = 1$ 4. $\frac{1}{4} + \frac{1}{12} + \square = 1$ 5. $\frac{2}{5} + \frac{3}{10} + \square = 1$

   $\frac{1}{2} + \frac{1}{5} + \square = 1$ $\frac{5}{8} + \frac{1}{4} + \square = 1$ $\frac{1}{5} + \frac{1}{2} + \square = 1$

   $\frac{3}{8} + \frac{1}{2} + \square = 1$ $\frac{5}{20} + \frac{3}{4} + \square = 1$ $\frac{3}{5} + \frac{3}{10} + \square = 1$

   $\frac{3}{10} + \frac{1}{2} + \square = 1$ $\frac{3}{4} + \frac{1}{6} + \square = 1$ $\frac{1}{20} + \frac{4}{5} + \square = 1$

6. $\frac{1}{3} + \frac{1}{5} + \square = 1$ 7. $\frac{1}{4} + \frac{1}{2} + \frac{1}{8} + \square = 1$ 8. $\frac{3}{5} + \frac{1}{10} + \frac{1}{6} + \square = 1$

   $\frac{2}{3} + \frac{1}{4} + \square = 1$ $\frac{1}{6} + \frac{1}{4} + \frac{1}{3} + \square = 1$ $\frac{1}{10} + \frac{4}{15} + \frac{1}{3} + \square = 1$

   $\frac{5}{12} + \frac{1}{3} + \square = 1$ $\frac{1}{5} + \frac{1}{2} + \frac{3}{10} + \square = 1$ $\frac{1}{4} + \frac{1}{18} + \frac{4}{9} + \square = 1$

   $\frac{3}{8} + \frac{1}{3} + \square = 1$ $\frac{1}{12} + \frac{3}{8} + \frac{1}{2} + \square = 1$ $\frac{1}{10} + \frac{5}{6} + \frac{1}{15} + \square = 1$

                               $\frac{5}{12} + \frac{1}{6} + \frac{1}{4} + \square = 1$ $\frac{1}{5} + \frac{3}{8} + \frac{1}{6} + \square = 1$

Bruchrechnen mit allen Registern

Rechne die Terme aus. Nütze dabei alle speziellen Möglichkeiten aus, welche dir zur Verfügung stehen, vor allem die Möglichkeit des Erweiterns und die des Gleichnamigmachens.
Kürze überdies die Ergebnisse vollständig, wo das möglich ist.

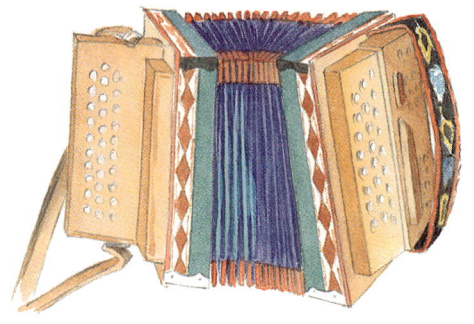

1. $\frac{1}{4} + \frac{1}{2}$
$\frac{3}{4} - \frac{5}{8}$
$\frac{1}{3} - \frac{1}{6}$
$\frac{1}{4} + \frac{5}{12}$

2. $9 \cdot \frac{1}{12}$
$\frac{2}{5} + \frac{3}{10}$
$3 \cdot \frac{4}{15}$
$1 - (\frac{1}{4} + \frac{3}{8})$

3. $\frac{2}{3} + \frac{1}{12}$
$4 \cdot \frac{3}{20}$
$\frac{5}{6} : 5$
$5 : 6$

4. $1 - (\frac{1}{3} - \frac{2}{15})$
$\frac{16}{25} : 4$
$\frac{1}{6} + \frac{3}{4}$
$3 \cdot \frac{7}{24}$

5. $7 \cdot \frac{1}{7}$
$\frac{27}{20} : 9$
$(\frac{5}{11} + \frac{5}{22}) : 3$
$\frac{3}{10} + \frac{9}{20}$

6. $(\frac{7}{10} + \frac{4}{5}) : 5$
$\frac{8}{20} : 4$
$\frac{8}{9} - \frac{5}{6}$
$\frac{2}{3} - \frac{1}{4}$

7. $12 \cdot \frac{2}{45}$
$8 \cdot (1 - \frac{7}{8})$
$\frac{3}{5} - \frac{7}{12}$
$\frac{81}{9} + 1$

8. $2 - \frac{10}{7}$
$1 + \frac{5}{12} - \frac{13}{15}$
$6 \cdot \frac{7}{120}$
$3 \cdot \frac{5}{24}$

9. $\frac{27}{36} : 9$
$(\frac{11}{24} + \frac{3}{8}) : 5$
$5 - (\frac{4}{3} - \frac{8}{24})$
$3 : 12$

10. $\frac{2}{5} + \frac{1}{3} + \frac{1}{4} - \frac{1}{12}$
$3 \cdot (1 + \frac{1}{3} - \frac{4}{5})$
$1 - (\frac{1}{6} + \frac{1}{4} + \frac{1}{3})$
$\frac{3}{4} + \frac{2}{5} - 1$

11. $\frac{7}{10} + \frac{4}{15} - \frac{2}{3}$
$8 : 10$
$2 \cdot (\frac{3}{4} - \frac{7}{10})$
$432 : 576$

Auf Direktflügen über Europa

Wir treffen folgende Annahme: Länge der Fluglinie gleich Länge der Luftlinie (siehe A29 und A30).

1. Auf einem Flug entlang der Luftlinie von Hamburg nach Mailand verlaufen $\frac{3}{4}$ der Fluglinie über Deutschland, $\frac{1}{5}$ über der Schweiz, und die letzten 45 km verlaufen über Italien. – Wie lang ist die ganze Fluglinie? Wie lang sind die einzelnen Teile?

   Berechne jeweils auch in den folgenden Aufgaben sowohl die Länge der ganzen Luftlinie als auch die Längen der einzelnen Teile.

2. Luftlinie London–Berlin, davon $\frac{1}{20}$ über England, $\frac{1}{4}$ über dem Meer, $\frac{1}{5}$ über Holland und 450 km über Deutschland.

3. Luftlinie Zürich–Helsinki (Finnland), davon die ersten 60 km über der Schweiz, dann $\frac{2}{5}$ über Deutschland, $\frac{1}{10}$ über Polen, $\frac{7}{15}$ über dem Meer. (Das sehr kurze Stück von der finnischen Küste bis zur Landung muss nicht speziell berücksichtigt werden.)

4. Luftlinie Stockholm–Reykjavík (Island), davon $\frac{5}{24}$ über Schweden, $\frac{1}{6}$ über Norwegen, $\frac{1}{2}$ über dem Atlantischen Ozean und zuletzt 270 km über Island selber.

5. Luftlinie Lissabon–Rom, davon $\frac{1}{9}$ über Portugal, $\frac{1}{2}$ über Spanien, $\frac{3}{8}$ über dem Mittelmeer und der Insel Korsika (Frankreich) und noch 26 km über Italien.

6. Luftlinie Prag–Madrid, davon 135 km über Tschechien, $\frac{1}{5}$ über Deutschland, $\frac{1}{8}$ über der Schweiz, $\frac{7}{20}$ über Frankreich und $\frac{1}{4}$ über Spanien.

7. Luftlinie Wien–Brüssel, davon $\frac{1}{10}$ über Österreich, $\frac{3}{5}$ über Deutschland und je 135 km über Tschechien und über Belgien.

8. Luftlinie Paris–Athen, davon über Frankreich $\frac{9}{50}$, über der Schweiz 210 km, über Italien $\frac{3}{25}$, über dem Mittelmeer (Adria) $\frac{7}{20}$, über Albanien $\frac{1}{20}$, über Griechenland $\frac{1}{5}$.

Leicht verhext

1. Welchen Bruch kann man schreiben für die Hälfte der Hälfte von 1?

2. Wenn man einen bestimmten Bruch verdoppelt, bekommt man $\frac{1}{5}$ mehr als 1. Um welchen Bruch handelt es sich?

3. Wenn man einen bestimmten Bruch verdoppeln würde, bekäme man die Hälfte von 1. Und was bekäme man, wenn man ihn halbieren würde?

4. Mit welcher Zahl müsste man die Hälfte eines Fünftels multiplizieren, um 1 zu bekommen?

5. Wie kann man einen Drittel eines Drittels auch noch nennen?

6. Siebenmal $\frac{1}{7}$ ist gleich viel wie zehnmal der gesuchte Bruch. Wie heisst dieser?

7. Wenn man zum gesuchten Bruch seinen dritten Teil addiert, bekommt man genau $\frac{1}{2}$. Wie heisst der gesuchte Bruch?

8. Wenn man zwei bestimmte Brüche addieren würde, bekäme man 1. Wenn man den kleineren vom grösseren Bruch subtrahieren würde, bekäme man $\frac{1}{9}$. Wie heissen die beiden Brüche?

9. $\frac{3}{4}$ einer Zahl ist 48. Wie heisst die Zahl?

10. Wenn man zu einer bestimmten Zahl die Hälfte davon addiert, erhält man 60. Wie heisst die Zahl?

11. $\frac{1}{3}$ einer Zahl ist 12. Wie gross ist $\frac{1}{4}$ dieser Zahl?

12. Wenn man zu einer bestimmten Zahl $\frac{1}{4}$ davon addiert, erhält man 20. Wie heisst die Zahl?

13. Der Unterschied zwischen der Hälfte und einem Drittel der gesuchten Zahl beträgt 3. Wie heisst die Zahl?

14. $\frac{1}{3}$ einer Zahl ist um 2 grösser als $\frac{1}{4}$ derselben Zahl. Wie heisst die Zahl?

15. $\frac{1}{3}$ von 105 ist gleich gross wie $\frac{1}{4}$ der gesuchten Zahl. Wie heisst diese?

16. Sabine und Thomas haben beide von der Hochzeit ihres Onkels gleich viele Feuersteine. Doch Sabine gibt Thomas $\frac{1}{5}$ ihrer Feuersteine. Jetzt hat Thomas 6 Feuersteine mehr. Wie viele Feuersteine hat nun Thomas, und wie viele hat Sabine noch?

Zwischenhalt

17. Setze für die Platzhalter passende Zahlen ein.

a) $\frac{3}{7} = \frac{12}{\square} = \frac{\triangle}{35} = \frac{\bigcirc}{14} = \frac{21}{\square}$

b) $\frac{2}{3} = \frac{\square}{12} = \frac{6}{\triangle} = \frac{\bigcirc}{30} = \frac{10}{\square}$

c) $\frac{5}{8} = \frac{50}{\square} = \frac{15}{\triangle} = \frac{40}{\bigcirc} = \frac{\square}{48}$

d) $\frac{7}{10} = \frac{28}{\square} = \frac{\triangle}{60} = \frac{14}{\bigcirc} = \frac{\square}{50}$

e) $\frac{8}{15} = \frac{\square}{150} = \frac{\triangle}{120} = \frac{24}{\bigcirc} = \frac{32}{\square}$

f) $\frac{2}{5} = \frac{6}{\square} = \frac{\triangle}{25} = \frac{16}{\bigcirc} = \frac{\square}{75}$

g) $\frac{3}{4} = \frac{9}{\square} = \frac{75}{\triangle} = \frac{\bigcirc}{40} = \frac{6}{\square}$

h) $\frac{5}{6} = \frac{\square}{30} = \frac{10}{\triangle} = \frac{30}{\bigcirc} = \frac{\square}{24}$

18. Erweitere die folgenden Brüche auf den Nenner 60.

a) $\frac{4}{5}$ c) $\frac{17}{20}$ e) $\frac{3}{10}$ g) $\frac{5}{6}$

b) $\frac{2}{3}$ d) $\frac{1}{4}$ f) $\frac{23}{30}$ h) $\frac{7}{12}$

19. Erweitere die folgenden Brüche mit 60.

a) $\frac{4}{5}$ c) $\frac{1}{4}$ e) $\frac{5}{6}$

b) $\frac{2}{3}$ d) $\frac{3}{10}$ f) $\frac{1}{2}$

20. Kürze die folgenden Brüche vollständig.

a) $\frac{20}{120}$ d) $\frac{40}{500}$ g) $\frac{240}{288}$ k) $\frac{75}{125}$

b) $\frac{100}{250}$ e) $\frac{75}{200}$ h) $\frac{160}{360}$ l) $\frac{154}{220}$

c) $\frac{36}{72}$ f) $\frac{140}{1000}$ i) $\frac{112}{128}$ m) $\frac{56}{105}$

21. Rechne die Terme aus und kürze die Ergebnisse vollständig, wo das möglich ist.

a) $8 \cdot \frac{1}{20}$ e) $(\frac{28}{30} : 7) + \frac{7}{30}$ i) $(4 \cdot \frac{4}{25}) - \frac{6}{25}$

b) $1 - \frac{8}{12}$ f) $(6 \cdot \frac{3}{20}) - \frac{2}{20}$ k) $(\frac{51}{60} : 3) + \frac{7}{60}$

c) $\frac{4}{15} + \frac{7}{15} - \frac{1}{15}$ g) $2 \cdot (\frac{42}{50} : 7)$ l) $\frac{8}{24} + \frac{5}{24} + \frac{4}{24}$

d) $\frac{45}{100} : 5$ h) $(3 \cdot \frac{3}{10}) - (\frac{9}{10} - \frac{5}{10})$ m) $1 - (\frac{36}{40} : 3)$

22. Rechne die Terme aus.

a) $1\frac{13}{20}$ m + 55 cm   e) $6\frac{4}{5}$ cm + $\frac{7}{10}$ cm   i) $6\frac{9}{10}$ hl + $\frac{1}{4}$ hl

b) $4\frac{1}{2}$ l − 78 cl   f) $4\frac{3}{100}$ t − $\frac{3}{10}$ t   k) $1\frac{9}{10}$ h + $\frac{1}{5}$ h

c) $3\frac{3}{8}$ kg − 0.4 kg   g) $5\frac{2}{3}$ min + $\frac{1}{2}$ min   l) $3\frac{1}{8}$ l − $\frac{1}{2}$ l

d) $2\frac{3}{4}$ h + 58 min   h) $1\frac{7}{50}$ km − $\frac{3}{5}$ km   m) $7\frac{1}{2}$ min − $\frac{5}{6}$ min

Rechne die Terme aus.

23. $\frac{3}{4}$ von 96   **24.** $\frac{2}{3}$ von 40.2   **25.** $\frac{5}{12}$ von 1.44   **26.** $\frac{7}{8}$ von 1000

$\frac{5}{6}$ von 10.8 $\frac{4}{5}$ von 8 $\frac{7}{9}$ von 0.63 $\frac{1}{2}$ von 0.07

$\frac{4}{7}$ von 1050 $\frac{3}{8}$ von 20 $\frac{1}{10}$ von 3 $\frac{3}{4}$ von 2

$\frac{9}{20}$ von 6 $\frac{11}{10}$ von 30 $\frac{3}{10}$ von 1 $\frac{30}{20}$ von 5

27. Mache die Brüche gleichnamig und ordne sie nach ihrer Grösse.

a) $\frac{1}{2}, \frac{2}{3}, \frac{1}{8}, \frac{23}{48}, \frac{3}{24}, \frac{5}{12}$ c) $\frac{1}{2}, \frac{6}{10}, \frac{1}{4}, \frac{18}{25}, \frac{36}{50}, \frac{2}{5}$

b) $\frac{9}{20}, \frac{9}{12}, \frac{1}{5}, \frac{8}{10}, \frac{5}{6}, \frac{3}{4}$ d) $\frac{1}{3}, \frac{3}{10}, \frac{9}{24}, \frac{3}{5}, \frac{12}{40}, \frac{3}{8}$

Rechne in den Aufgaben 28 bis 33 die Terme aus. Wo es nötig ist, machst du die Brüche zuerst gleichnamig. Kürze die Ergebnisse vollständig, wo das möglich ist.

28. $\frac{3}{5} - \frac{1}{10}$

$\frac{1}{6} + \frac{5}{12}$

$\frac{1}{8} + \frac{1}{9}$

$\frac{4}{5} - \frac{3}{20}$

29. $1 - (\frac{2}{3} + \frac{1}{6})$

$3 \cdot \frac{3}{24}$

$\frac{3}{20} + \frac{3}{10}$

$5 \cdot \frac{1}{10}$

30. $5 \cdot \frac{3}{25}$

$\frac{3}{8} + \frac{1}{4}$

$\frac{21}{100} : 3$

$1 - (\frac{3}{5} - \frac{7}{20})$

31. $(\frac{41}{50} - \frac{4}{25}) : 11$

$\frac{7}{9} - \frac{1}{6}$

$\frac{4}{5} - \frac{3}{4}$

$\frac{54}{60} : 3$

32. $1 - (\frac{7}{10} - \frac{4}{15})$

$12 : 18$

$(\frac{5}{6} + \frac{4}{5}) : 7$

$12 \cdot \frac{5}{12}$

33. $\frac{8}{9} - \frac{2}{3} - \frac{1}{6}$

$\frac{48}{64} : 8$

$96 : 144$

$7 \cdot (1 - \frac{22}{25})$

34. Die Hälfte der Reisefotos ist schon im Album eingeklebt, $\frac{5}{16}$ sind noch in den Fototaschen, und der letzte Film mit 36 Aufnahmen muss noch entwickelt werden. Wie viele Bilder sind es im Ganzen?

35. Herr Wyss macht eine Überschlagsrechnung für sein Klassenlager. $\frac{1}{10}$ der Ausgaben braucht er für die Reise und je $\frac{7}{20}$ muss er für die Miete des Hauses und für die Verpflegung einsetzen. Für alle übrigen Ausgaben bleiben ihm dann noch 1200 Fr.
Mit welchen Gesamtkosten rechnet Herr Wyss?

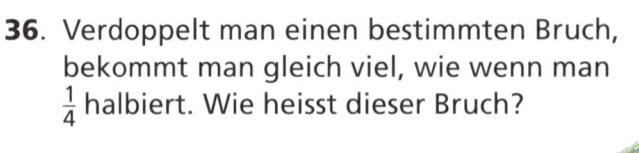

36. Verdoppelt man einen bestimmten Bruch, bekommt man gleich viel, wie wenn man $\frac{1}{4}$ halbiert. Wie heisst dieser Bruch?

37. $\frac{5}{8}$ einer Zahl ist 40.
Wie heisst die Zahl?

38. $\frac{3}{5}$ einer Zahl ist 1200.
Wie gross ist $\frac{1}{4}$ dieser Zahl?

Addition und Subtraktion im Zahlenbereich bis 1 000 000

Addieren und subtrahieren mit Variationen

Jede Aufgabe beginnt mit einer Plus- oder einer Minusrechnung. Bilde immer vier weitere Rechnungen, indem du die jeweiligen Vorschriften befolgst.
Versuche das, was du erhalten hast, auch zu begründen.

Beispiel: 103 000 + 25 000 = 128 000

Die 1. Zahl wird immer um 3000 grösser, die 2. Zahl wird immer um 5000 grösser.

106 000 + 30 000 = *136 000*
109 000 + 35 000 = *144 000*
112 000 + 40 000 = *152 000*
115 000 + 45 000 = *160 000*

Erkenntnis: *Die Summe wird von Rechnung zu Rechnung um 8000 grösser.*

1. 580 000 − 135 000 = 445 000
Die 1. Zahl wird immer um 30 000 kleiner, die 2. Zahl bleibt fest.

2. 608 000 + 52 000 = 660 000
Die 1. Zahl wird immer um 7000 grösser, die Summe bleibt fest.

3. 108 000 − 73 000 = 35 000
Die 1. Zahl wird immer um 12 000 grösser, die 2. Zahl wird immer um 12 000 kleiner.

4. 109 000 − 8200 = 100 800
Die 2. Zahl wird immer um 8200 grösser, die Differenz bleibt fest.

5. 720 000 − 96 000 = 624 000
Die 1. Zahl und die 2. Zahl werden immer halbiert.

6. 260 000 + 100 000 = 360 000
Die 1. Zahl wird immer um 45 000 kleiner, die 2. Zahl wird immer um 55 000 grösser.

7. 1 000 000 − 500 000 = 500 000
   Die 1. Zahl wird immer um 170 000 kleiner, die 2. Zahl wird immer um 85 000 kleiner.

8. 28 000 + 760 000 = 788 000
   Die 1. Zahl wird immer verdoppelt, die 2. Zahl wird immer halbiert.

9. Wie viele Jahre alt kann eine Seychellen-Riesenschildkröte werden?
   Addiere die grösste einstellige, die grösste zweistellige und die grösste dreistellige Zahl und subtrahiere von dieser Summe die kleinste vierstellige Zahl. Addiere zum Ergebnis noch 63, dann erhältst du die gesuchte Anzahl der Jahre.

Addieren oder subtrahieren?

Bestimme die Lösungen mit Hilfe einer passenden schriftlichen Rechnung.

Beispiel: ☐ − 246 813 = 5570

5570
246 813
252 383

10. 900 000 − 199 026 = ☐
11. ☐ = 243 516 + 756 484
12. 93 718 = 937 180 − ☐
13. 462 089 + 179 914 = ☐

14. 79 682 + ☐ = 101 309
15. ☐ = 613 131 − 353 825
16. 359 886 = 470 002 − ☐
17. 611 034 − ☐ = 286 065

18. 600 215 = ☐ + 498 927
19. 566 667 = ☐ − 79 804
20. ☐ − 9999 = 368 999
21. ☐ + 90 989 = 1 000 000

22. 820 039 = 650 941 + ☐
23. ☐ + 100 573 = 600 796
24. ☐ − 43 576 = 187 878
25. 285 096 = ☐ − 515 964

Addieren und subtrahieren

Gegeben sind die folgenden Zahlen:

27 385   28 169
40 538   40 013
        15 347   59 471   16 750
    30 246   39 692

Bilde entsprechende Terme und rechne sie aus.

1. Addiere die kleinste Zahl zur grössten Zahl.

2. Subtrahiere die zweitkleinste Zahl von der drittgrössten Zahl.

3. Subtrahiere die zweitgrösste Zahl von der Summe der kleinsten vier Zahlen.

4. Addiere die Summe der kleinsten zwei Zahlen zum Unterschied der grössten zwei Zahlen.

5. Addiere die beiden Zahlen, deren Summe der Zahl 70 000 am nächsten kommt.

6. Bestimme die zwei Zahlen, welche den kleinsten Unterschied ergeben.

A, B, C, D, E und F planen einen gemeinsamen ganztägigen Ausflug. Sie suchen ein Datum, das für alle in Frage kommt.
A könnte jeden Tag dabei sein, B jeden zweiten, C jeden dritten, D jeden vierten, E jeden fünften und F schliesslich jeden sechsten Tag. – Rechne.

Dezimalzahlen

Rechne die Terme aus. – Achte dabei auf den Dezimalpunkt.

1. 7.6 + 0.8
   0.63 + 0.4
   3.9 + 2.5
   0.15 + 0.95

2. 0.036 + 0.1
   0.019 + 0.055
   1.09 + 0.41
   2.004 + 3.02

3. 10.2 + 0.88
   0.201 + 0.809
   0.5 + 0.027
   5 + 0.902

4. 6 − 0.2
   1.3 − 0.8
   0.8 − 0.12
   0.026 − 0.009

5. 3.5 − 0.05
   5 − 2.02
   10 − 0.07
   0.6 − 0.004

6. 9 − 0.33
   0.07 − 0.008
   0.045 − 0.019
   10 − 0.007

Gegeben sind die folgenden Zahlen:

8.2   0.63   0.705   10

7. Bilde mit je zwei dieser Zahlen alle möglichen Summen und rechne sie aus. Es dürfen aber keine zwei Summen gleich sein.

8. Bilde mit je zwei dieser Zahlen alle möglichen Unterschiede und rechne sie aus.

   Was stellst du fest, wenn du die Anzahl der möglichen Rechnungen in den Aufgaben 7 und 8 vergleichst? – Versuche, eine Erklärung zu finden.

Wir verwenden nun die zwei Zifferngruppen 4002 und 308 und fügen Dezimalpunkte und Masseinheiten hinzu. Wenn wir die entstandenen Grössen addieren oder subtrahieren, dann erzielen wir verschiedene Ergebnisse.

Beispiele: 70.82 hl $40.02\,hl + 30.8\,hl = 70.82\,hl$
            36.94 m $40.02\,m - 3.08\,m = 36.94\,m$

Notiere anhand der beiden Zifferngruppen auch für die folgenden Grössen die passenden Gleichungen.

9. a) 9.22 l
   b) 403.28 m
   c) 397.12 kg
   d) 0.922 t

10. a) 431 Fr.
    b) 34.802 km
    c) 369.4 cm
    d) 7.082 l

Richtig aufgeschrieben ist halb gerechnet

Achte beim schriftlichen Rechnen darauf, dass die Dezimalpunkte untereinander stehen, und schreibe dort Nullen, wo sie dir das Rechnen erleichtern.

Rechne die Terme schriftlich aus.

Beispiele:

```
      14.935 + 8.07 + 150.4              100 − 4.9 − 36.825
        14.935   oder:   14.935          100.000
         8.07            8.070         −   4.900
       150.4           150.400         −  36.825
       173.405         173.405            58.275
```

1. 6480.35 + 957.7
2. 0.875 + 0.9 + 1.54
3. 946.082 + 96.5
4. 0.9 + 0.99 + 1.909

5. 1000 − 90.892
6. 61.3 − 0.987 − 25.6
7. 44.034 − 9.8 − 17.67
8. 20 − 4.682 − 7.6 − 0.67

9. 846.9 m + 78.65 m
10. 3850 Fr. + 86.95 Fr.
11. 0.92 km + 1.6 km
12. 4.985 t + 2.5 t + 5.35 t

13. 50 l − 38.4 l − 9.55 l
14. 182.4 cm − 7.9 cm − 0.8 cm
15. 63 Fr. − 14.85 Fr. − 39.60 Fr.
16. 360 km − 18.875 km

Rechne auch noch diese Terme schriftlich aus.

17. 84.596 − 102.398 + 40.024
18. 259.398 + 60.893 − 62.398
19. 14.012 + 96.467 − 49.467
20. 100 − 0.94 − 0.94 − 0.94

21. 359.083 + 35.89 − 189.083
22. 3018.4 − 63.159 − 26.841
23. 9.628 + 9.628 + 9.628
24. 40 − 50.785 + 177.952

25. In Joels Heft steht: 267.604 − 799 = 259.614. Die Lehrerin sagt zu ihm: «Zwar stimmen alle Ziffern, aber du hast etwas Wichtiges vergessen.» Wie heisst die Rechnung in Wirklichkeit?

Mit der Bahn unterwegs

650 Zürich–Lenzburg–**Olten** ⓡ
Zürich–Brugg–**Olten** ⓡ

							IC 734		RX 2634			IC 834
St. Gallen 850						16 03						16 43
Winterthur 750			Ⓐ16 48			16 54						17 27
Zürich Flughafen ✈ 750			17 07			17 10						17 43
Zürich HB	o		17 19			↙17 23						17 53
			5458	5962	2734		1886	5460		5460	5966	
Zürich HB ⑦					17 30	17 34	17 38		⟨29⟩			18 03
Baden					17 46						18 01	
Brugg AG	o				17 54						18 09	
Brugg AG				Ⓐ17 43	17 55						18 11	
Schinznach Bad				17 45							18 14	
Wildegg				17 52							18 20	
Lenzburg			Ⓐ17 38		17 58			©18 03	↙18 03	Ⓐ18 07		
Rupperswil			⟨17 41	⟨17 53				⟨18 06		⟨18 10	18 22	
Aarau ④	o		⟨17 48	Ⓐ18 01	18 08		↙18 04	⟨18 13	**18 12**	⟨18 17	18 29	
Aarau			⟨17 49		18 10		18 05	⟨18 14	⟨18 14	⟨18 36		
Schönenwerd SO			⟨17 52					⟨18 17	⟨18 17	⟨18 39		
Däniken			⟨17 54					⟨18 19	⟨18 19	⟨18 41		
Dulliken			⟨17 57					⟨18 22	⟨18 22	⟨18 44		
Olten ④	o		Ⓐ18 02		18 19	18 05		©18 27	Ⓐ18 27	Ⓐ18 49		
Olten					18 25							
Luzern 510	o				19 05							
Olten					18 20				18 31	19 17		
Basel SBB ⓑ 500	o				18 46		18 38		18 57	19 49		
Olten 410/450					18 22	18 06			18 31			
Bern	o				19 10	18 47			19 12		19 15	
Bern					19 21	18 49						
Biel/Bienne	o											
Biel/Bienne					20 35	19 58						
Lausanne 210/250	o				21 20	20 34	20 37					
Genève 150	o				21 29		20 43					
Genève-Aéroport ✈ 150	o											

St. Gallen 850					17 03	17 20		17 43				
Winterthur 750			17 24		Ⓐ17 48	17 54	18 00		17 27	18 24		
Zürich Flughafen ✈ 750			17 39		18 07	18 10	18 16		18 43	18 39		
Zürich HB	o		17 50		18 19	↙18 23	↙18 26		18 53	18 50		
			IR 1434		2736	IC 736	EC 162	5470	5972	IC 936	1536	
Zürich HB ⑦			18 06			18 30	18 34	18 38			19 03	19 06
Baden						18 46			19 01			
Brugg AG						18 54			19 09			
Brugg AG						18 55			19 11			
Schinznach Bad									19 14			
Wildegg									19 20			
Lenzburg			18 26					18 58	19 03			19 26
Rupperswil								19 06	19 22			
Aarau ④			18 32			19 08		↙19 04	19 13	19 29		19 32
Aarau			18 34			19 10		19 05	19 14			19 34
Schönenwerd SO									19 17			
Däniken									19 19			
Dulliken									19 22			
Olten ④	o		18 44			19 19			19 27			19 44
Olten			18 50			19 25		19 42			19 50	
Luzern 510	o		19 52			20 05		20 19			20 52	
Olten			18 50						19 31		19 50	
Basel SBB ⓑ 500	o		19 30					19 38	19 57		20 30	
Olten 410/450			18 47	18 49		19 22		19 31			19 47	19 49
Bern	o			19 41		20 10	19 46	20 12		20 15		20 41
Bern							19 49					
Biel/Bienne	o		19 33			20 21					20 33	
Biel/Bienne			19 35	19 39		21 35	20 58				20 39	
Lausanne 210/250	o			20 50		22 20	21 34				21 50	
Genève 150	o		21 14			22 29	21 43					
Genève-Aéroport ✈ 150	o		21 23									

⟨29⟩ Verkehrt nicht via Zürich HB
 Zch Wollishofen ab 17 32
 Zch Enge ab 17 35
 Zch Wiedikon ab 17 36
 Zch Altstetten ab 17 45

Alle Züge Aarau-Lenzburg-Aarau
siehe 641, Brugg-Zürich-Brugg 710

ⓡ in den Regionalzügen

SBB, Luzern
☏ 157 22 22 Fr 1,19/Min

1. Frau Meierhofer fährt um 17.30 Uhr in Zürich HB ab. Wie lange wird sie für ihre Reise nach Bern brauchen?

2. Herr Wyss fährt von Zürich Flughafen nach Biel und kommt dort um 19.33 Uhr an.
Wie lange hat seine Bahnfahrt gedauert?

3. Wie viele h und min benötigt der Intercity (IC) 736 für die Strecke St. Gallen–Genève-Aéroport?

4. Da eine Sitzung nicht so lange dauerte, wie es vorgesehen war, kann Herr Kern schon um 18.34 Uhr in Aarau abfahren statt erst um 19.10 Uhr. Wie viel früher wird er nun Olten erreichen?

5. Wie viel Reisezeit kann Frau Frey einsparen, wenn sie für die Strecke Zürich HB–Bern den IC 736 benützt anstelle des Schnellzugs, der Zürich um 18.30 Uhr verlässt?

6. Herr Sommer trifft um 20.35 Uhr in Lausanne ein und stellt fest, dass seine Reise mit diesem Zug 3 h 47 min gedauert hat. Wo ist er wohl eingestiegen?

7. Da sein Flugzeug mit Verspätung gelandet ist, verpasst Herr Erb den Zug, der Zürich Flughafen um 17.39 Uhr verlässt, um wenige Minuten. Wie viele min später als vorgesehen wird er nun bestenfalls in Olten eintreffen?

8. Frau Riemer fährt um 16.48 Uhr in Winterthur ab und will um 20.10 Uhr in Bern eintreffen. In Aarau unterbricht sie ihre Reise für einen kurzen Besuch bei einer Geschäftsfreundin. Wie viel Zeit steht ihr dafür zur Verfügung?

Multiplikation und Division im Zahlenbereich bis 1 000 000

Und wieder ist das Einmaleins wichtig

7 · 9 = 63	70 · 9 = 630	700 · 9 = 6300
7 · 90 = 630	70 · 90 = 6300	700 · 90 = 63 000
7 · 900 = 6300	70 · 900 = 63 000	700 · 900 = 630 000
7 · 9000 = 63 000	70 · 9000 = 630 000	
7 · 90 000 = 630 000		

Rechne die Terme aus.

1. 9 · 20 000
   50 · 60
   80 · 800
   700 · 90

2. 6 · 6000
   40 · 60
   800 · 90
   30 · 30 000

3. 5 · 90 000
   70 · 60
   300 · 50
   600 · 300

4. 60 · 7000
   400 · 900
   3 · 80 000
   7 · 8000

5. 90 · 600
   200 · 70
   50 · 70
   8 · 5000

6. 4 · 8000
   20 · 800
   900 · 900
   2 · 60 000

7. Bilde mit Hilfe der nachstehenden Produkte Gruppen von je vier Termen, die jeweils den gleichen Wert haben.

Beispiel: a) 3 · 80 000 = 240 000
   h) 400 · 600 = ...

a) 3 · 80 000
b) 6000 · 6
c) 600 · 30
d) 60 · 600

e) 600 · 600
f) 20 · 900
g) 600 · 40
h) 400 · 600

i) 900 · 400
k) 8 · 3000
l) 900 · 40
m) 900 · 200

n) 60 · 300
o) 300 · 80
p) 4000 · 90
q) 9000 · 2

r) 6 · 60 000
s) 300 · 600
t) 60 · 4000
u) 4 · 9000

v) 80 · 3000
w) 20 000 · 9
x) 3000 · 60
y) 60 · 400

Gleiche Ziffern – verschiedene Terme

Rechne die Terme aus.

1. 4 · 0.36
   4 · 3.06
   4 · 0.63
   4 · 6.03

2. 9 · 0.804
   9 · 4.008
   9 · 0.048
   9 · 8.004

3. 7 · 0.56
   7 · 5.06
   7 · 6.05
   7 · 0.65

4. 5 · 0.602
   5 · 6.002
   5 · 0.206
   5 · 0.026

5. 6 · 30.9
   6 · 0.39
   6 · 0.93
   6 · 90.3

6. 8 · 60.5
   8 · 0.65
   8 · 6.05
   8 · 5.06

Verschiedene Wege führen zum Ziel

Es gibt oft mehr als eine geeignete Art, um Terme auszurechnen. Manchmal ist es hilfreich, wenn man vorsichtig, Schritt für Schritt, vorgeht.

Beispiel: Rechne 400 · 0.009 aus.

$$4 \cdot 0.009 = 0.036$$
$$40 \cdot 0.009 = 0.36$$
$$400 \cdot 0.009 = \underline{3.6}$$

oder:

$$10 \cdot 0.009 = 0.09$$
$$100 \cdot 0.009 = 0.9$$
$$400 \cdot 0.009 = \underline{3.6}$$

Vielleicht findest du aber auch ganz spezielle Lösungswege.

Rechne die Terme aus.

7. 300 · 0.7
   500 · 0.02
   200 · 0.05
   800 · 0.3

8. 600 · 0.004
   400 · 0.6
   900 · 0.08
   700 · 0.002

9. 800 · 0.005
   700 · 0.4
   600 · 0.8
   300 · 0.003

10. 500 · 0.07
    900 · 0.006
    400 · 0.03
    200 · 0.04

11. 700 · 0.5
    300 · 0.009
    400 · 0.008
    600 · 0.2

12. 200 · 0.06
    900 · 0.9
    800 · 0.007
    500 · 0.009

Multiplizieren von Grössen

Gegeben sind jeweils in der ersten Spalte vier Vervielfacher, in der zweiten vier Grössen, die multipliziert werden müssen, und in der dritten Spalte vier Ergebnisse. Bilde damit die richtigen Rechnungen und schreibe alle Masszahlen als Dezimalzahlen.

1. 3   0.18 km   72 m
    40   90 cm   7.2 km
    8   0.012 km   0.72 km
    6   240 m   7.2 m

2. 6   3 ml   2.1 l
    30   0.07 l   21 ml
    5   4.2 l   0.21 l
    7   35 ml   21 l

3. 90   105 Rp.   3150 Rp.
    5   350 Rp.   3150 Fr.
    3   450 Rp.   3.15 Fr.
    700   6.30 Fr.   31 500 Rp.

4. 2   1.92 kg   96 kg
    5   0.012 kg   0.96 kg
    8   2400 g   96 g
    40   480 g   9600 g

5. 90   0.126 m   630 cm
    5   21 mm   63 m
    2   70 cm   0.063 m
    3   3.15 m   0.63 m

6. 80   180 kg   360 kg
    5   45 kg   0.036 t
    4   9 kg   3.6 t
    200   0.072 t   36 000 kg

7. Die folgende Rechnung, welche die Familie Gehring von Elektriker Meili erhalten hat, ist unvollständig abgebildet. Die Angaben genügen aber, um das Total zu bestimmen. Rechne aus, wie viel Material und Arbeit im Ganzen gekostet haben.

RECHNUNG NR. 930531 / D00569

Heizung: Zimmerthermostat installiert/Kabel in vorhandene
          Rohre und Kanäle verlegt/Lampen demontiert
Im Treppenaufgang neue Lampen geliefert und montiert

Elektro-Anlagen

Kabel Td 5 × 1   5,50   5,00
Wandleuchte Sollux 5349 C   1,00   280,00
Spotleuchte Halogen Chrom, Nr. 41943 LLA   2,00   570,00

Arbeitszeit gemäss beil. Regierapport Nr. 744087

Monteur 1 (VSEI-Regieansatz, per Std.)   2,00   89,20
Monteur 2 (VSEI-Regieansatz, per Std.)   2,00   79,0
Lehrling 1. Lehrjahr (VSEI-Regieansatz, per Std.)   2,00   28,80

TOTAL

Schriftliches Multiplizieren

Mit zweistelligen Vervielfachern kennst du dich aus.

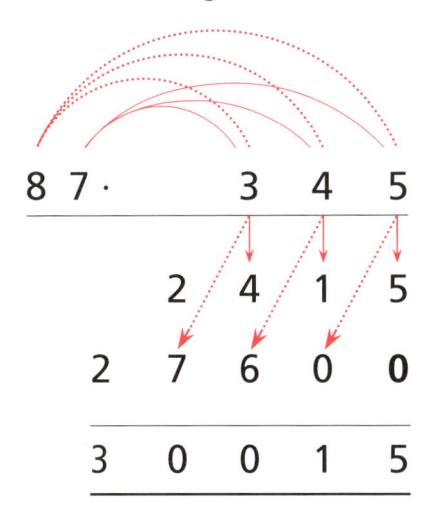

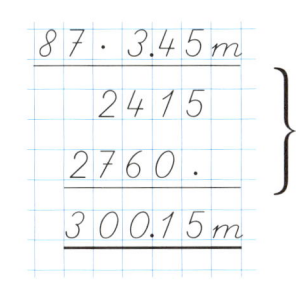

```
 8 7  ·    3 4 5
           ───────
           2 4 1 5
         2 7 6 0 0
         ─────────
         3 0 0 1 5
```

$87 \cdot 3.45\,m$

2415

$2760.$

$300.15\,m$

Der Dezimalpunkt und die Masseinheit werden **nicht** geschrieben.

Rechne die Terme aus. Beachte dabei, dass die Aufgabenarten immer wieder wechseln.

1. 34 · 735
2. 40 · 217.3
3. 26 · 38.62 m
4. 90 · 870

5. 73 · 5.78
6. 80 · 1039
7. 30 · 0.983 l
8. 28 · 17.375

9. 76 · 548
10. 54 · 342.8
11. 48 · 7.085 km
12. 27 · 1806

13. 49 · 24.31
14. 69 · 42.7 cm
15. 37 · 1597
16. 50 · 1.89 t

17. 60 · 15.425
18. 75 · 103.95 Fr.
19. 58 · 1462
20. 53 · 20.64 l

21. 98 · 6.95
22. 45 · 309
23. 86 · 0.079 kg
24. 36 · 27.094

25. Toby hat als Ergebnis einer Teilungsrechnung 743 Rest 36 erhalten, doch er weiss, dass sie aufgehen sollte. Er zeigt das Heft seinem Freund Dani. Dieser meint: «Du hast wahrscheinlich schon richtig durch 59 dividiert, aber in der vorderen Zahl beim Abschreiben die beiden letzten Ziffern vertauscht.»

    a) Welche Rechnung hat Toby fälschlicherweise ausgeführt?
    b) Wie lautet die richtige Teilungsrechnung?

Schriftliches Multiplizieren mit dreistelligen Zahlen

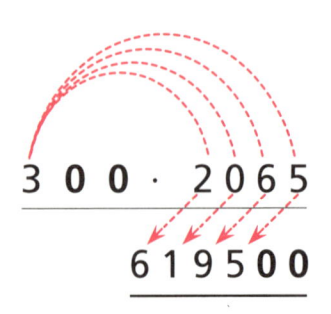

```
        300 · 2065
        ──────────
           619500
```

```
   360 · 2065
   ──────────
       123900
       619500
   ──────────
       743400
```

```
   369 · 2065
   ──────────
        18585
        12390·
         6195··
   ──────────
       761985
```

Rechne die Terme aus.

1. 648 · 560
2. 720 · 504
3. 288 · 1260
4. 864 · 420
5. 120 · 7200
6. 384 · 1125
7. 900 · 240
8. 480 · 225
9. 144 · 864
10. 192 · 1296
11. 432 · 1152
12. 216 · 4608

Kontrolliere nun deine Ergebnisse. Immer vier ausgerechnete Terme weisen eine Besonderheit auf.

Auch bei den folgenden Aufgaben wirst du erkennen können, ob du richtig gerechnet hast.
Rechne alle Produkte schriftlich aus und achte auf die Besonderheit jedes einzelnen Ergebnisses.

13. 481 · 924
14. 129 · 3541
15. 231 · 1976
16. 185 · 3069
17. 259 · 429
18. 192 · 643
19. 195 · 2849
20. 570 · 953
21. 407 · 2457
22. 143 · 707
23. 445 · 1221
24. 462 · 1443

25. 273 · 3256
26. 315 · 2431
27. 693 · 819
28. 320 · 3125

29. a) 681 · 816
    b) 861 · 618
    c) 681 · 861
    d) 618 · 816

Welcher Term hat den grössten Wert, welcher den kleinsten?
Versuche die Antworten zu finden und zu begründen, ohne die Produkte auszurechnen.

Multiplizieren von Dezimalzahlen

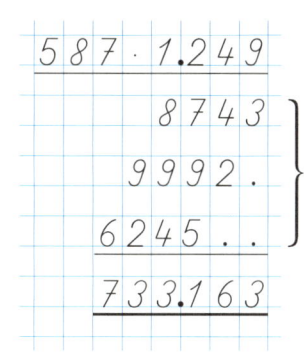

```
  5 8 7 · 1.2 4 9
        8 7 4 3
        9 9 9 2 .
        6 2 4 5 . .
        7 3 3.1 6 3
```
Der Dezimalpunkt wird nicht geschrieben.

Rechne die Terme aus.

1. 296 · 28.9
2. 546 · 0.495
3. 783 · 6.97
4. 340 · 2.054

5. 672 · 49.5
6. 318 · 3.008
7. 700 · 0.143
8. 985 · 0.067

9. 629 · 5.6
10. 953 · 0.84
11. 891 · 0.907
12. 600 · 8.75

13. 950 · 1.8
14. 764 · 0.153
15. 837 · 2.09
16. 476 · 0.048

17. Jede der folgenden Zahlen darf nur einmal für ☐ eingesetzt werden.

    54   168   537   670

    Bestimme die passende Zahl und rechne den betreffenden Term aus.

	Term	Wert des Terms
a)	☐ · 0.018	ist kleiner als 1
b)	☐ · 0.165	hat an der Tausendstel-Stelle eine ungerade Ziffer
c)	☐ · 5.25	ist eine ganze Zahl
d)	☐ · 3.12	ist grösser als 2000, aber kleiner als 2500

Ersetze die Sternchen durch Ziffern, damit vollständige Rechnungen entstehen.

18. ✶✶✶ · 1.63
         3 2 6
         6 5 2 .
       1 3 0 4 . .
       ✶ ✶ ✶ ✶ . ✶ ✶

19. 4 9 ✶ · ✶ ✶ . ✶
         2 3 1 3 0
         ✶ ✶ ✶ ✶ . .
       ✶ ✶ ✶ ✶ ✶ . ✶

20. ✶ ✶ ✶ · 0. ✶ 5 6
         5 7 ✶ ✶
         7 ✶ ✶ ✶ .
       ✶ ✶ ✶ ✶ . . .
       3 6 9 . 0 1 6

Grössen multiplizieren

```
 836 · 0.785 km
      4 7 1 0
      2 3 5 5 .
      6 2 8 0 . .
      6 5 6.2 6 0 km
```

Der Dezimalpunkt und die Masseinheit werden **nicht** geschrieben.

Rechne die Terme aus.

1. 284 · 4.6 cm
2. 715 · 5.2 l
3. 827 · 1.25 Fr.
4. 508 · 2.05 hl

5. 243 · 2.45 kg
6. 650 · 4.02 l
7. 857 · 1.036 t
8. 400 · 3.65 m

9. 640 · 8.40 Fr.
10. 982 · 9.3 cm
11. 596 · 4.5 l
12. 902 · 1.09 m

13. 539 · 5.37 kg
14. 952 · 2.54 hl
15. 476 · 2.007 km
16. 238 · 4.64 l

Notiere die Grössen in der in Klammern angegebenen Masseinheit und rechne die Terme aus.

17. 463 · 78 cm   (m)
18. 153 · 86 cl   (l)
19. 719 · 92 g   (kg)
20. 669 · 674 kg   (t)

21. 835 · 309 ml   (l)
22. 794 · 95 Rp.   (Fr.)
23. 700 · 74 l   (hl)
24. 147 · 685 m   (km)

25. 398 · 49 ml   (l)
26. 172 · 76 kg   (t)
27. 384 · 48 l   (hl)
28. 306 · 59 m   (km)

29. Rechne in jeder Teilaufgabe aus, wie gross der Unterschied der beiden Terme ist. Sicher findest du bequemere Möglichkeiten, als zuerst alle sechzehn Produkte auszurechnen.

    a) 399 · 2.75 kg   401 · 2.75 kg
    b) 168 · 0.097 km   68 · 0.097 km
    c) 472 · 1.03 m   472 · 0.98 m
    d) 617 · 2.80 Fr.   567 · 2.80 Fr.
    e) 256 · 6.48 hl   512 · 3.24 hl
    f) 800 · 0.674 t   800 · 0.785 t
    g) 153 · 8.2 m   154 · 8.3 m
    h) 100 · 1.44 l   200 · 2.88 l

Grosse Zahlen dividieren

210 : 3 = 70		320 000 : 80 000 = ☐
2100 : 30 = ☐		32 000 : 8000 = ☐
21 000 : 300 = ☐		3200 : 800 = ☐
210 000 : 3000 = ☐		320 : 80 = ☐
		32 : 8 = ☐

Rechne die Quotienten aus.

1. 42 000 : 700
210 000 : 30 000
240 000 : 300
360 000 : 9000

2. 240 000 : 40 000
300 000 : 500
4800 : 600
640 000 : 80

3. 420 000 : 600
54 000 : 90
56 000 : 70
28 000 : 400

4. 350 000 : 70
1800 : 90
40 000 : 800
350 000 : 50 000

5. 20 000 : 500
490 000 : 70 000
27 000 : 30
10 000 : 200

6. 56 000 : 80
160 000 : 4000
54 000 : 60
280 000 : 7000

7. 250 000 : 50
180 000 : 2000
720 000 : 80 000
120 000 : 3000

8. 60 000 : 20
24 000 : 8000
4000 : 50
300 000 : 600

9. 810 000 : 90 000
90 000 : 300
320 000 : 40
63 000 : 7000

10. Wir gehen immer vom gleichen Quotienten aus, zum Beispiel von 480 : 8. Wie ändert sich der Wert, wenn wir

a) nur die erste Zahl verdoppeln?
b) den Teiler verdreifachen?
c) beide Zahlen halbieren?
d) die erste Zahl halbieren und den Teiler verdoppeln?
e) die erste Zahl verdoppeln und den Teiler halbieren?

Therese sagt: «Ich habe gleich viele Schwestern wie Brüder, aber jeder meiner Brüder hat doppelt so viele Schwestern wie Brüder.» – Rechne.

Verschiedene Wege beim Dividieren

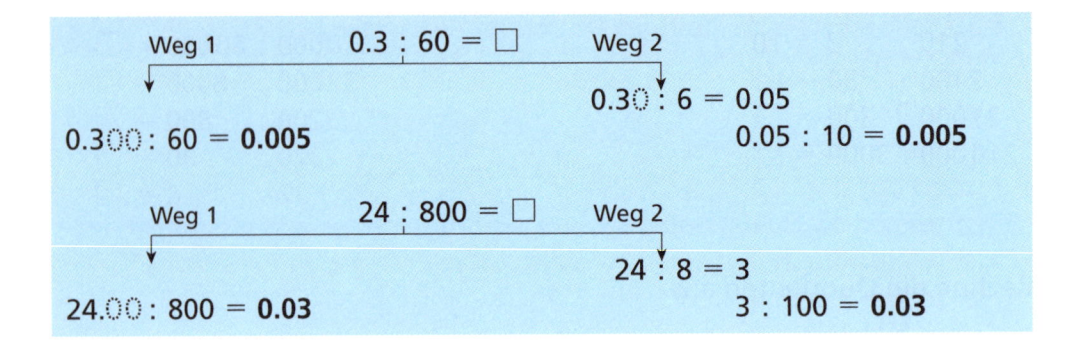

```
        Weg 1           0.3 : 60 = ☐    Weg 2
                                        0.30 : 6 = 0.05
0.300 : 60 = 0.005                      0.05 : 10 = 0.005

        Weg 1           24 : 800 = ☐    Weg 2
                                        24 : 8 = 3
24.00 : 800 = 0.03                      3 : 100 = 0.03
```

Rechne die Terme aus. Wähle deinen Weg.

1. 0.12 : 30
4.9 : 7
7.2 : 900
1 : 200

2. 32 : 40
5.6 : 8
2 : 500
54 : 90

3. 630 : 700
0.36 : 60
4.5 : 9
0.24 : 80

4. 2.4 : 400
7.2 : 800
1.8 : 90
30 : 50

5. 1.4 : 20
6 : 300
3.6 : 4
0.4 : 80

6. 18 : 600
2.5 : 5
480 : 800
2.8 : 70

Rechne die Quotienten aus und wähle dabei den Weg, auf dem du dich am sichersten fühlst.

Beispiele: 0.036 : 4 = ☐
                     9
               0.036 : 4 = **0.009**

14.8 : 400 = ☐
14.8 : 4   = 3.7
3.7 : 100 = **0.037**

7. 1.92 : 4
1.89 : 30
17.8 : 2
800 : 500

8. 242.7 : 3
4020 : 600
122.4 : 40
6.372 : 9

9. 3.3 : 60
601.5 : 300
603 : 90
150.035 : 5

10. 4824 : 80
69.3 : 7
600 : 400
101 : 20

11. 25.9 : 700
45.4 : 50
36.081 : 9
59.2 : 8

12. 19.6 : 70
52.8 : 800
300.48 : 6
152 : 200

Die Teiler einer ganzen Zahl

Du hast schon öfters die Teilbarkeit von Zahlen untersucht.
Deshalb weisst du:

630 ist teilbar durch 1, weil …
　　 ist teilbar durch 2, weil …
　　 ist teilbar durch 5, weil …
　　 ist teilbar durch 10, weil …
　　 ist teilbar durch 3, weil …
　　 ist teilbar durch 6, weil …
　　 ist teilbar durch 9, weil …

1, 2, 5, 10, 3, 6, 9 sind **Teiler** von 630, weil man 630 ohne Rest durch diese Zahlen teilen kann. Sind es wohl alle Teiler von 630?

Am besten findest du das heraus, wenn du planmässig vorgehst.

1.　630 : 1 = 630　　　　Teiler:　**1** und **630** und
　　　630 : 2 = 315　　　　　　　　**2** und **315** und
　　　630 : 3 = 210　　　　　　　　**3** und **210** und
　　　630 : 5 = 126　　　　　　　　**5** und **126** und

Fahre entsprechend fort.
Wann bist du wohl am Ende deiner Untersuchung?

Übrigens: Wenn du alles beachtest, kommst du für die Zahl 630 auf 24 Teiler.

2. Bestimme in der gleichen Art alle Teiler von:

　　a) 96　　　　**b)** 80　　　　**c)** 108　　　　**d)** 280

3. Eine Zahl zwischen 0 und 150 hat acht Teiler. Drei davon kennt man, nämlich 3, 7 und 35.

　　a) Wie heisst die Zahl?
　　b) Bestimme noch die andern Teiler.

4. Der drittgrösste Teiler einer Zahl ist 40, der drittkleinste Teiler ist 3.

　　a) Wie heisst die Zahl?
　　b) Bestimme noch die andern Teiler.

Primzahlen

1. Die Zahl 28 hat 6 Teiler. Bestimme sie.

2. 24 ist zwar kleiner als 28, doch hat die Zahl 24 mehr Teiler als 28. Bestimme sie.

3. Bestimme die Teiler von 31, dann von 43. Was stellst du fest?

Zahlen wie 31 und 43 nennt man **Primzahlen**.

Primzahlen sind durch genau zwei verschiedene Zahlen teilbar, nämlich durch 1 und durch sich selbst.

4. Von den Zahlen 21, 37, 47, 14, 41, 33, 2, 51, 8, 59 sind genau die Hälfte Primzahlen. Welche sind es?

5. Unter allen Primzahlen gibt es nur eine einzige gerade. Welche? Warum ist das so? – Warum ist sie zugleich die kleinste Primzahl?

6. Schreibe nun alle Primzahlen auf, die kleiner sind als 10.

7. Die Abstände zwischen zwei Primzahlen sind unregelmässig. Zwischen 10 und 20 hat es vier Primzahlen, zwischen 20 und 30 nur zwei. Wie heissen diese sechs Primzahlen?

8. Zwischen 90 und 100 und zwischen 110 und 120 hat es nur je eine Primzahl. Wie heissen sie?

Bereits der griechische Mathematiker Euklid (um 300 v. Chr.) hat bewiesen, dass die Anzahl der Primzahlen unbegrenzt ist, dass sich also immer eine noch grössere finden lässt.
Darum werden immer wieder neue Primzahlen gefunden, heute mit Hilfe von Computern.
Die bis 1998 grösste bekannte Primzahl hat 909 526 Stellen und würde, vollständig aufgeschrieben, fast 40 Zeitungsseiten füllen.

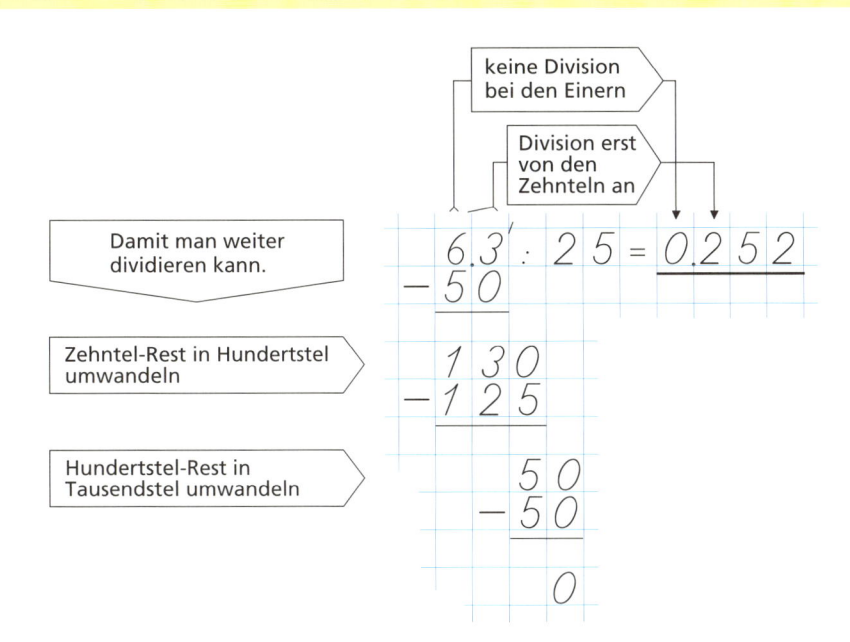

Schriftliches Dividieren

keine Division bei den Einern
Division erst von den Zehnteln an

Damit man weiter dividieren kann.

Zehntel-Rest in Hundertstel umwandeln

Hundertstel-Rest in Tausendstel umwandeln

$$6{,}3 : 25 = 0{,}252$$
$$-50$$
$$130$$
$$-125$$
$$50$$
$$-50$$
$$0$$

Rechne die Quotienten aus.

1. 290,02 : 34
2. 310 : 80
3. 676 : 25
4. 374,294 : 62
5. 13,62 : 15
6. 95,764 : 89
7. 497,568 : 71
8. 4,836 : 93
9. 1136,24 : 56
10. 1537,74 : 90
11. 7,566 : 78
12. 124,738 : 47

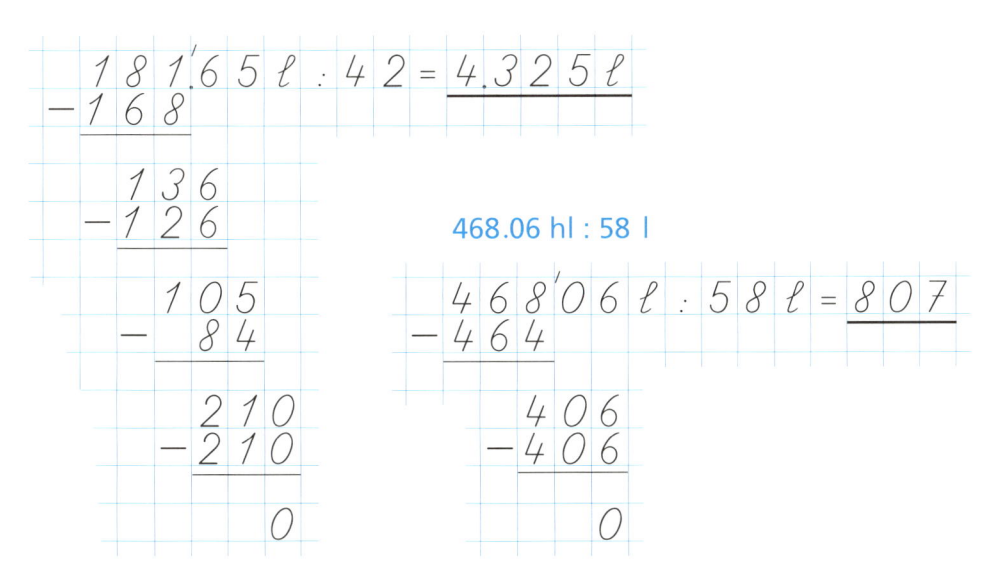

$$181{,}65\,l : 42 = 4{,}325\,l$$
$$-168$$
$$136$$
$$-126$$
$$105$$
$$-84$$
$$210$$
$$-210$$
$$0$$

468,06 hl : 58 l

$$468{,}06\,l : 58\,l = 807$$
$$-464$$
$$406$$
$$-406$$
$$0$$

77

Rechne in den Aufgaben 13 bis 36 die Terme aus.

13. 4530 Fr. : 60
14. 117.6 m : 14 cm
15. 100.862 km : 94
16. 47.85 kg : 50 g

17. 1320 cm : 48
18. 148.8 m : 32
19. 78.3 l : 90
20. 17.4 kg : 24

21. 620.4 l : 88
22. 64.588 t : 67
23. 55 km : 40 m
24. 9.728 l : 16

25. 28.221 l : 69 ml
26. 1054.50 Fr. : 75 Rp.
27. 276.71 hl : 59
28. 621.55 m : 31

29. 312 Fr. : 80 Rp.
30. 79.818 kg : 53 g
31. 189.8 m : 73
32. 55.737 km : 99 m

33. 150.92 m : 28 cm
34. 973 Fr. : 70
35. 891.88 hl : 44 l
36. 535.41 l : 81 cl

37. Die Bretter, die man für eine Reparatur brauchte, kosteten 301.40 Fr., und der Preis pro laufenden Meter betrug 22 Fr. Wie viele Meter Holz wurden benötigt?

38. 11 Fussball-Meisterschaftsspiele wurden im Ganzen von 86 350 Zuschauerinnen und Zuschauern besucht. Wie viele waren es durchschnittlich pro Spiel?

39. Von 3.6 t Kartoffeln wird die Hälfte in Säcke zu 50 kg pro Sack abgefüllt. Wie viele Säcke kann man füllen?

40. Eselspinguine können mit einer Geschwindigkeit von 36 km/h schwimmen. Wie viele m/min sind das?

41. Wie viele Flaschen weniger braucht es, wenn 1.2 hl Mineralwasser in 1.5-l-Flaschen statt in 1-l-Flaschen abgefüllt werden?

42. Die ersten 15 Etappen der Tour de France hatten eine Gesamtlänge von 2859 km. Wie lang war im Durchschnitt eine Etappe?

43. Ein Blatt Papier, das 29.7 cm lang ist, weist oben und unten einen je 8.5 mm breiten Randstreifen auf. Zudem ist es mit 5-mm-Häuschen kariert. Wie viele Häuschenzeilen sind es in der Länge?

44. Ein Geldbetrag von 36 Fr. wird so in Fünfzigrappen-, Zwanzigrappen- und Zehnrappenstücke umgewechselt, dass es von jeder Sorte gleich viele Geldstücke sind. Wie viele sind es von jeder Sorte?

Schriftliches Dividieren – kunterbunt gemischt

Rechne die Terme aus und achte dabei auf die unterschiedlichen Arten.

1. 2961 km : 3
2. 1479.34 hl : 34
3. 55 400 : 8
4. 57 310 kg : 55 kg

5. 392.686 : 49
6. 284.2 cm : 7 mm
7. 1953 m : 9 m
8. 65.70 Fr. : 6

9. 126 m : 24
10. 78.312 t : 39 kg
11. 162.76 : 4
12. 235.6 hl : 62 l

13. 198.1 : 7
14. 21.50 Fr. : 5 Rp.
15. 29.684 km : 82 m
16. 429 403 : 67

17. 117 315 : 9
18. 39 818 kg : 43
19. 244.62 l : 54 cl
20. 48 111 t : 79 t

21. 26.1 l : 36
22. 1.962 km : 3 m
23. 15.257 l : 73 ml
24. 32 448 : 52

25. 6.566 t : 98
26. 480 Fr. : 75 Rp.

27. 294 000 km : 30 km
28. 60.258 : 83

29. 635.8 m : 68
30. 21.42 l : 7 ml

31. Thomi sollte eine Zahl mit 13 multiplizieren, verwechselt aber beim Abschreiben Zehner und Einer und multipliziert darum mit 31. Sein Ergebnis wird genau um 9000 zu gross. Welche Zahl hat er multipliziert?

32. a) Du merkst bald, dass 76 · 36 = 16 416 eine falsche Aussage ist. Man weiss, dass zwei der drei Zahlen richtig sind, aber man weiss nicht, welche. Notiere alle möglichen richtigen Rechnungen.

    Bearbeite ebenso:

    b) 48 · 92 = 6624
    c) 96 · 63 = 10 080

> Wenn man von einer zweistelligen Zahl 1 subtrahiert, dann ist das Ergebnis durch 4 teilbar. Wenn man von ihr 2 subtrahiert, dann ist das Ergebnis durch 5 teilbar, und wenn man von ihr 3 subtrahiert, dann ist das Ergebnis durch 6 teilbar. – Rechne.

Vertrackte Verteilungen

42 Fr. werden auf verschiedene Weise verteilt. Rechne überall aus, welchen Geldbetrag jedes der Beteiligten erhält.

1. Andrea und Beat.
   Andrea erhält 2 Fr. mehr als Beat.

2. Christina und David.
   Christina erhält 3 Fr. weniger als David.

3. Eveline und Florian.
   Eveline erhält das Doppelte von Florians Betrag.

4. Gina und Hanna.
   Gina erhält das Vierfache von Hannas Betrag.

5. Isabella, Jonathan und Karin. Isabella erhält die Hälfte von Jonathans Betrag und Jonathan die Hälfte von Karins Betrag.

6. Livia, Manuel und Nicole. Livia und Manuel erhalten gleich viel, und Nicole erhält so viel, wie die beiden anderen zusammen.

7. Olga, Patrick und Regine. Olga und Patrick erhalten gleich viel, und Regine erhält 6 Fr. mehr als Olga.

8. Vera, Wolfgang und Yvonne. Vera erhält 2 Fr. weniger als Wolfgang, und Wolfgang erhält 2 Fr. weniger als Yvonne.

9. Jasmin, Zeno und Adriana. Jasmin und Zeno erhalten gleich viel, und Adriana erhält 3 Fr. weniger als Zeno.

10. Sarah, Tobias und Ursula. Sarah erhält doppelt so viel wie Tobias, und Ursula erhält 3 Fr. weniger als Sarah.

Dieselben Zahlen – verschiedene Rechnungen

Zur Auswahl stehen die folgenden Zahlen:

17.46   0.987   6.25
     70.1   54   59.22

1. Rechne die Summe aller Zahlen aus.

2. Multipliziere die kleinste Zahl mit der drittgrössten Zahl und ergänze das Ergebnis auf 100.

3. Addiere das Achtfache der zweitgrössten Zahl zum 6. Teil der drittkleinsten Zahl.

4. Dividiere die grösste Zahl durch das Vierfache der zweitkleinsten Zahl.

5. Subtrahiere die drittkleinste Zahl von der grössten Zahl.

6. Addiere die Hälfte der grössten Zahl zum Doppelten der kleinsten Zahl.

7. Von welcher Zahl ist das Dreifache kleiner als 210, aber grösser als 162?

8. Multipliziere die drittkleinste Zahl mit dem 3. Teil der drittgrössten Zahl.

9. Eine Zahl ist das Sechzigfache einer andern Zahl. – Welche?

10. Welche beiden Zahlen weisen den kleinsten Unterschied auf?

Runden von Höhenangaben

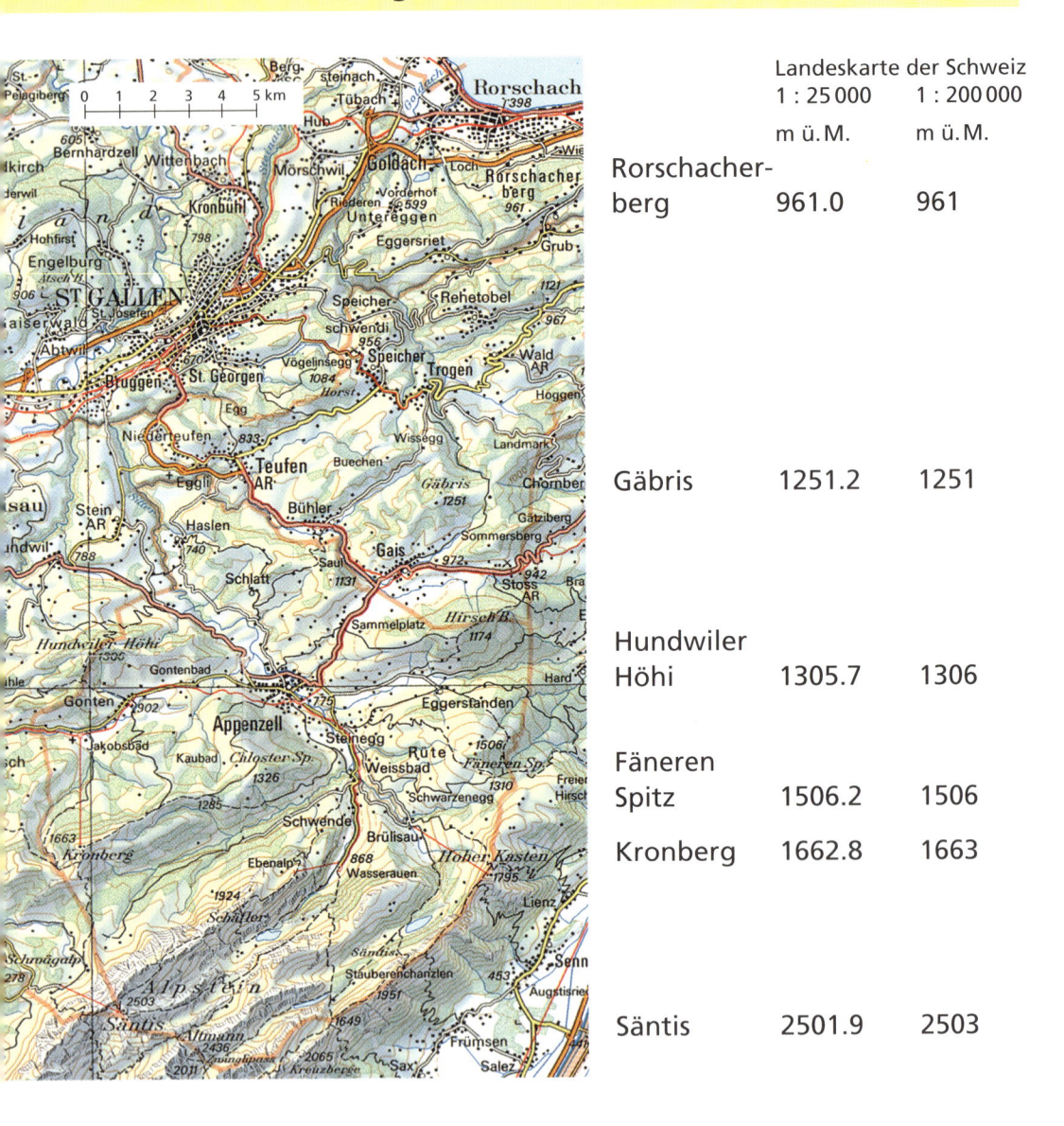

	Landeskarte der Schweiz	
	1 : 25 000	1 : 200 000
	m ü. M.	m ü. M.
Rorschacherberg	961.0	961
Gäbris	1251.2	1251
Hundwiler Höhi	1305.7	1306
Fäneren Spitz	1506.2	1506
Kronberg	1662.8	1663
Säntis	2501.9	2503

Warum kann man sagen, dass alle diese Höhenzahlen richtig sind?
Oft werden Masszahlen aus praktischen Gründen entweder auf- oder abgerundet. Dabei soll der «Fehler», der dabei entsteht, möglichst klein sein. Zum Beispiel werden beim **Runden auf m genau**
1.2 m **ab**gerundet auf 1 m. – Abweichung?
5.7 m **auf**gerundet auf 6 m. – Abweichung?

Runde auch die folgenden Grössen auf m genau.

1. 26.3 m
300.6 m
59.1 m
9.8 m

2. 79.7 m
101.1 m
99.4 m
199.9 m

3. 409.8 m
119.4 m
229.6 m
7.5 m

Wie müssen 7.5 m auf m genau gerundet werden?
Da sowohl beim Auf- wie beim Abrunden die Abweichung gleich gross ist, gilt eine Vereinbarung:

> Heisst die Ziffer, auf die man beim Runden schauen muss, 1, 2, 3 oder 4, wird **ab**gerundet.
>
> Heisst die Ziffer, auf die man beim Runden schauen muss, 5, 6, 7, 8 oder 9, wird **auf**gerundet.

4. Runde auf m genau.

   a) 95.5 m   **b)** 190.5 m   **c)** 909.5 m   **d)** 999.5 m

5. Für den Bodensee wurden die folgenden Pegelstände angegeben:

Datum	Pegelstand
4.4.1997	395.05 m
17.4.1997	395.08 m
30.4.1997	395.17 m
5.5.1997	395.25 m
14.5.1997	395.38 m
16.5.1997	395.45 m
19.5.1997	395.54 m
4.6.1997	395.67 m

PEGELSTAND BODENSEE
Romanshorn 395.05 Meter

Zeichne die nachstehende Tabelle in dein Heft und vervollständige sie.

Pegelstand des Bodensees			
Datum	gemessen	gerundet auf 1 Dezimale genau	gerundet auf m genau
4.4.1997	395.05 m		
17.4.1997			

83

Runden von Quotienten

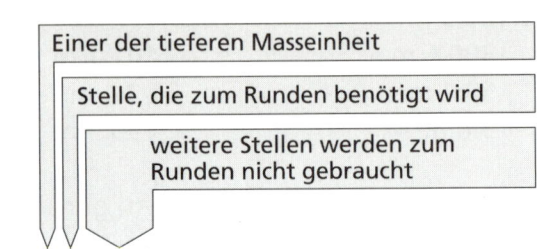

Beispiel: Runde auf g genau.

- Einer der tieferen Masseinheit
- Stelle, die zum Runden benötigt wird
- weitere Stellen werden zum Runden nicht gebraucht

```
1.720 kg : 23 = 0.0747 ... kg
-161
 110              0.075 kg   ← auf Einer der tieferen
-  92                          Masseinheit gerundet
  180
- 161
   19
```

Rechne die Terme so weit wie nötig aus und runde die Ergebnisse:

1. 40.701 km : 16   auf m genau
2. 42.105 kg : 34   auf g genau
3. 19.5 cm : 70   auf mm genau
4. 138.129 t : 82   auf kg genau

5. 194.95 m : 13   auf cm genau
6. 104.13 m : 60   auf cm genau
7. 218.9 l : 43   auf dl genau
8. 25.55 hl : 32   auf l genau

9. 26.5 m : 30   auf dm genau
10. 0.545 l : 12   auf ml genau
11. 0.55 m : 68   auf cm genau
12. 9.266 kg : 25   auf g genau

13. 18.83 l : 19   auf cl genau
14. 82.0 cm : 40   auf mm genau
15. 105.3 l : 54   auf dl genau
16. 1082.50 Fr. : 24 auf 5 Rp. genau

17. Für den Handarbeitsunterricht verwendet Herr Wyss einen Fotokarton von 70 cm Länge und 50 cm Breite. Er will ihn, so, wie es die Skizze zeigt, möglichst gleichmässig in 18 Rechtecke zerschneiden. Mit seinem Massstab kann er auf mm genau messen.

    Wie lang und wie breit werden die Rechtecke sein, die er erhält?

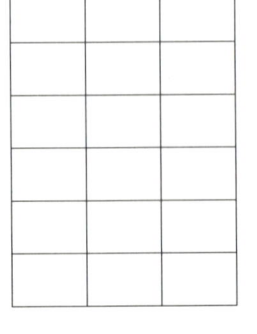

Quotient – Bruch – Dezimalzahl

Du weisst: $3 : 8 = \dfrac{3}{8}$

Durch-Term / Quotient — Bruch

Jeder **Quotient** kann als **Bruch** geschrieben werden.

Schreibe die folgenden Quotienten als Brüche und kürze sie vollständig.

1. a) 5 : 6
   b) 6 : 8
   c) 6 : 5
   d) 16 : 20
   e) 11 : 12
   f) 12 : 25
   g) 35 : 50
   h) 13 : 60
   i) 103 : 200
   k) 25 : 100
   l) 47 : 80
   m) 124 : 125

$\dfrac{1}{4} = 1 : 4$

Bruch — Durch-Term / Quotient

Jeder **Bruch** kann als **Quotient** geschrieben werden.

Schreibe die folgenden Brüche als Quotienten.

2. a) $\dfrac{5}{8}$ b) $\dfrac{8}{25}$ c) $\dfrac{7}{9}$ d) $\dfrac{9}{20}$ e) $\dfrac{33}{40}$ f) $\dfrac{40}{125}$ g) $\dfrac{27}{20}$ h) $\dfrac{53}{250}$

Quotienten kann man ausrechnen.

Beispiele: $\dfrac{4}{5} = 4 : 5 = 0.8$ $\dfrac{8}{25} = 8 : 25 = 0.32$
  40   80
   0   50
              0

Schreibe die folgenden Brüche als Quotienten und rechne sie aus.

3. a) $\dfrac{1}{4}$ b) $\dfrac{3}{50}$ c) $\dfrac{12}{25}$ d) $\dfrac{3}{8}$ e) $\dfrac{21}{40}$ f) $\dfrac{73}{1000}$ g) $\dfrac{7}{8}$ h) $\dfrac{17}{20}$ i) $\dfrac{2}{5}$ k) $\dfrac{11}{250}$ l) $\dfrac{123}{200}$ m) $\dfrac{7}{4}$

Vom Bruch zur Dezimalzahl

Weg 1:

$\frac{17}{25}$ = 17 : 25 = 0.68

Bruch —umformen→ Quotient —ausrechnen→ Dezimalzahl

Weg 2:

$\frac{17}{25}$ = $\frac{68}{100}$ = 0.68

Bruch —erweitern→ Dezimalbruch —umformen→ Dezimalzahl

Schreibe die Brüche als Dezimalzahlen. Wähle den für dich geeigneten Weg.

1. $\frac{2}{5}$ $\frac{1}{20}$ $\frac{3}{4}$ $\frac{31}{40}$ 3. $\frac{7}{40}$ $\frac{13}{500}$ $\frac{29}{50}$ $\frac{43}{20}$

2. $\frac{7}{200}$ $\frac{17}{25}$ $\frac{43}{50}$ $\frac{19}{20}$ 4. $\frac{29}{40}$ $\frac{22}{25}$ $\frac{11}{8}$ $\frac{137}{50}$

Von der Dezimalzahl zum Bruch

0.36 = $\frac{36}{100}$ = $\frac{18}{50}$ = $\frac{9}{25}$

wenn möglich vollständig

Dezimalzahl —umformen→ Dezimalbruch —kürzen→ Bruch

Schreibe die Dezimalzahlen als Dezimalbrüche. Kürze sie vollständig.

5. 0.2   0.24   0.5   0.375   7. 0.003   1.5   0.55   0.002

6. 0.09   0.06   0.08   0.025   8. 0.7   0.65   0.048   1.4

Setze als Operationszeichen + oder − ein und bestimme die Lösungen.

Beispiel: $\frac{3}{4}$ ○ ☐ = 0.8   ⟶   0.75 + 0.05 = 0.8

9. a) $\frac{1}{5}$ ○ ☐ = 0.1   c) $\frac{1}{100}$ ○ ☐ = 0.1   e) $\frac{7}{50}$ ○ ☐ = 0.09

   b) $\frac{1}{8}$ ○ ☐ = 0.2   d) $\frac{4}{5}$ ○ ☐ = 0.55   f) $\frac{7}{8}$ ○ ☐ = 0.9

Nicht abbrechende Dezimalzahlen

1. Problem: $\frac{1}{12} = 1 : 12 = \square$
   Forme den Quotienten 1 : 12 in eine Dezimalzahl um und vergleiche dein Ergebnis mit den Ergebnissen deiner Mitschülerinnen und Mitschüler. Was stellt ihr fest?

2. Auch bei einstelligen Nennern kann die Umformung eine **nicht abbrechende Dezimalzahl** ergeben. Bei welchen Nennern kann dies der Fall sein? Führe solche Umformungen aus.

Damit wir nicht abbrechende Dezimalzahlen notieren können, braucht es entsprechende Darstellungsmöglichkeiten.

Erste Möglichkeit:

$\frac{2}{9} = 2 : 9 = 0.22\ldots$ Die Punkte zeigen an, dass die Dezimalzahl nicht abbricht.
$\frac{5}{9} = 5 : 9 = 0.55\ldots$

Zweite Möglichkeit: Die Dezimalzahlen werden gerundet.

Runden	auf 3 Dezimalen (Tausendstel) genau:	auf 2 Dezimalen (Hundertstel) genau:	auf 1 Dezimale (Zehntel) genau:
0.22…	0.222	0.22	0.2
0.55…	0.556	0.56	0.6

3. Schreibe die folgenden Brüche als Quotienten und rechne sie aus. Setze bei den nicht abbrechenden Dezimalzahlen nach der 4. Dezimalen jeweils drei Punkte.

   a) $\frac{31}{40}$ b) $\frac{2}{3}$ c) $\frac{18}{25}$ d) $\frac{5}{6}$ e) $\frac{1}{18}$ f) $\frac{7}{80}$

4. Verwende die nicht abbrechenden Dezimalzahlen aus Aufgabe 3 und runde sie auf 3 Dezimalen, auf 2 Dezimalen und auf 1 Dezimale genau.

   Beispiel: 0.8888…
   0.889   (auf 3 Dezimalen genau)
   0.89   (auf 2 Dezimalen genau)
   0.9   (auf 1 Dezimale genau)

Textaufgaben

Kurz und bündig

1. Ein Leuchtturm ist mit einem drehbaren Scheinwerfer ausgerüstet. Vom offenen Wasser aus kann man sein Licht alle 4 s aufleuchten sehen. Wie liesse es sich erklären, wenn sein Licht plötzlich alle 2 s aufleuchten würde?

2. Ein Schafbesitzer konnte bei der letzten Schur in 2 h 8 Schafe scheren. Diesmal sollte er im Ganzen 12 Schafe scheren. Wie viel Zeit wird er dafür vorsehen?

3. In einer kleinen rechteckigen Schachtel haben 15 gleich grosse Rahmtäfelchen Platz. Eine grosse Schachtel ist doppelt so lang und doppelt so breit. Wie viele dieser Rahmtäfelchen müssten darin Platz finden?

4. Aus einer vollen Packung könnte man 6 Tage lang täglich je 4 Pillen nehmen. Für wie viele Tage würde die Packung reichen, wenn man mit 3 Pillen pro Tag auskäme?

5. Bei einer Umweltaktion hat jemand mit 3 Anteilscheinen in einem Flussdelta 180 Quadratmeter Schwemmland gekauft und so unter Schutz gestellt. Jemand anders bezahlt für 10 Anteilscheine.
Wie viel Schwemmland stellt er damit unter Schutz?

6. Helene hat 12 Tage lang in einer Gärtnerei Ferienarbeit geleistet. Ihre Freundin Nathalie hat um genau $\frac{1}{4}$ länger in der gleichen Gärtnerei gearbeitet. Wie viele Arbeitstage waren es für Nathalie?

7. Flurina wird am 1. Juni 20 Jahre alt. Sie ist dann um genau $\frac{1}{4}$ älter als ihr Cousin Janet, der am gleichen Tag Geburtstag hat.
Wie alt wird Janet?

8. Eine Abfüllmaschine füllt in einer bestimmten Zeit 50 gleich grosse Büchsen mit Farbe. Wie müsste diese Maschine eingestellt werden können, wenn sie in der halben Zeit 100 solche Büchsen füllen sollte?

Die Frage lautet …

1. In der Konditorei Möckel gibt es diese Woche Aktions-Milchschokolade in Dreier- oder Fünferpackungen. Eine Dreierpackung kostet 4.80 Fr. Mit der Fünferpackung fährt man pro Stück um 20 Rp. günstiger.
   Die Frage lautet: Wie teuer ist eine Fünferpackung?

2. Für das bevorstehende Gartenlaubenfest braucht Frau Sorg 20 Grillbratwürste. Sie bezahlt dafür in der Metzgerei in Drommersdorf 54 Fr. Im Supermarkt hätte sie pro Wurst 30 Rp. weniger bezahlen müssen. Allerdings hätte sie 4 Sechserpackungen nehmen müssen, und sie kauft nicht gern «unnötige Ware».
   Die Frage lautet: Für wie viel Geld hätte Frau Sorg «unnötige Ware» gekauft?

3. Zuerst dachte sich Luzius, er wolle am Skilift Gretzenberg vorerst einmal 4 Einzelbillette zu 6.50 Fr. lösen. Dann aber entschloss er sich, eine Halbtageskarte für 27 Fr. zu kaufen. Er machte trotzdem nur 4 Fahrten.
   Die Frage lautet: Wie viel billiger oder teurer kam ihn mit der Halbtageskarte eine einzelne Fahrt mit dem Skilift zu stehen?

4. Herr Kaufmann hat für die Pause im Büro aus dem Supermarkt einen Sechsersack Gipfeli mitgebracht. Der Kleber auf dem Sack ist mit 4.50 Fr. angeschrieben. Frau Reichmuth denkt: «Ich habe gestern für die Gipfeli aus unserer Dorfbäckerei mehr bezahlt – 15 Rp. pro Stück. Dafür waren sie mit 5 für unser Büro genau richtig abgezählt.»
   Die Frage lautet: Wie viel hat Frau Reichmuth für ihre Gipfeli bezahlt?

5. Frau Wettstein bezieht ihren geliebten Kaffee immer per Post direkt ab Rösterei. Die letzte Lieferung enthielt 6 kg Costa-Rica-Kaffee und kostete samt einem Anteil von 3.70 Fr. für den Versand insgesamt 131.50 Fr. – Diesmal bestellt sie 4 kg vom Festtagskaffee, der um 1.80 Fr. pro kg teurer ist.
   Die Frage lautet: Wie teuer wird die neue Lieferung sein, wenn der Anteil an die Versandkosten ebenfalls 3.70 Fr. beträgt?

Vom einen aufs andere schliessen

Beantworte die Fragen.

1. Seit 8 Wochen macht Severin für die alte Frau Gut regelmässig Botengänge. In dieser Zeit hat er schon 36 Fr. dafür bekommen. «Wenn ich im Durchschnitt so weitermache», denkt er, «habe ich in den 12 Wochen bis zu den Sportferien das Geld für Flurins gebrauchtes Snowboard beieinander.» – Wie viel wird Severin für dieses Snowboard bezahlen müssen?

2. Frau Tanner dachte sich, dass sie in der grossen Blumenrabatte vor dem Haus in 4 Reihen je 30 Tulpenzwiebeln stecken könne. Das wäre mit den 15 Säcken Tulpenzwiebeln, die sie für 72 Fr. besorgt hat, genau aufgegangen. Jetzt braucht sie jedoch nochmals 16 Zwiebeln. Wie viele Säcke Tulpenzwiebeln wird Frau Tanner noch besorgen, und was wird sie dafür bezahlen müssen?

3. Vor drei Jahren musste Frau Andres für die kleine Bahnreise mit den damals 24 Kindern ihrer ersten Klasse ohne die Begleitpersonen 84 Fr. bezahlen. Dieses Jahr beliefen sich für die genau gleiche Reise die Fahrtkosten für die 22 neuen Erstklässlerinnen und Erstklässler auf 92.40 Fr. Was lässt sich daraus Genaueres schliessen?

4. Im letzten Jahr verbrachte die Familie Frauenfelder 14 Ferientage in der kleineren von zwei Ferienwohnungen in einem Emmentaler Bauernhaus. Die Miete betrug 490 Fr. Dieses Jahr möchte die Familie die grössere Wohnung mieten. Sie muss dafür 12.50 Fr. pro Tag mehr bezahlen, will aber dann nur 12 Tage bleiben. Wie viel mehr oder weniger Miete wird Familie Frauenfelder in diesem Jahr für ihre Ferienunterkunft bezahlen müssen?

Und die Fragen?

Stelle zu den Textaufgaben selber Fragen und beantworte sie.

1. Dominik überlegt sich: «Ich könnte in den 10 Wochen bis zu meinem Geburtstag wöchentlich durchschnittlich 1.80 Fr. sparen und hätte so den Viertel, den ich für meine Stoppuhr selber aufbringen muss, beisammen.» Dominik merkt nicht, dass er sich in den Wochen verzählt hat und dass es bis zum Geburtstag nur noch 9 Wochen dauert.

2. Seraina wünscht sich einen Malkasten «mit Künstlerfarben». Sie hat schon 8 Wochen lang gespart und 28 Fr. zusammengebracht. Es müsste noch 3 Wochen lang so weitergehen und ein zusätzlicher Franken müsste noch dazukommen. Dann wäre die Sache mit dem Malkasten perfekt.

3. Für die ersten 45 Käseküchlein zum Quartierfest im Oberdorf brauchte es 1.8 kg Blätterteig. Es sind aber noch mindestens 75 weitere Käseküchlein nötig.

4. Zum Kaffee am Altersnachmittag im «Bären» sind «Nidelküchlein» vorgesehen. Man könnte 75 g Kuchenteig pro Küchlein nehmen und so aus dem vorhandenen Teig 80 Küchlein backen. Weil man aber darauf gefasst sein muss, dass die Zaubershow besonders viele Leute anlockt, wäre es sicherer, man würde sich mit 60 g Teig pro Küchlein begnügen.

5. Für 3 kg Boskop-Äpfel bezahlt Frau Gmür beim Bauern ab Wagen 8.40 Fr. Frau Zehnder denkt: «Boskop – das muss ich benützen. Das sind die besten zum Backen. – Hätten Sie 20 kg dabei, Herr Rüegg? Ich meine zum Einkellern?» – «Das habe ich», antwortet Herr Rüegg. «Und bei diesem Quantum gebe ich sie um 50 Rp. billiger pro Kilo.»

6. Letzte Woche kaufte Herr Hotz im Lebensmittelladen für 5.25 Fr. 250 g frische Eierschwämme. Jetzt, nur eine Woche später, bekäme man für das gleiche Geld ganze 100 g weniger, und die Pilze sehen erst noch schlechter aus.

7. Ein Blatt Papier liesse sich in 7 Streifen zu 3 cm Breite einteilen. Es wäre aber möglicherweise besser, wenn die Streifen 3.5 cm breit wären.

8. Die alte Holzleiter von Baumgartners wies bei einem Sprossenabstand von 26 cm im Ganzen 9 Sprossen auf. Auch der Abstand von den Enden bis zur jeweils ersten Sprosse betrug 26 cm. Die neue, gleich lange und gleichartige Leiter weist einen entsprechenden Sprossenabstand von 20 cm auf.

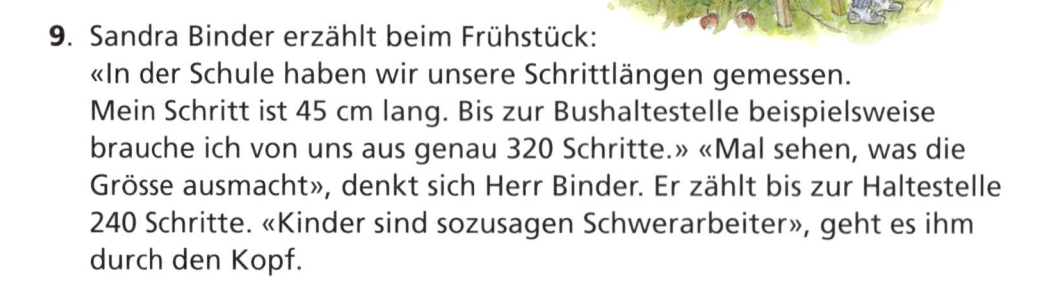

9. Sandra Binder erzählt beim Frühstück: «In der Schule haben wir unsere Schrittlängen gemessen. Mein Schritt ist 45 cm lang. Bis zur Bushaltestelle beispielsweise brauche ich von uns aus genau 320 Schritte.» «Mal sehen, was die Grösse ausmacht», denkt sich Herr Binder. Er zählt bis zur Haltestelle 240 Schritte. «Kinder sind sozusagen Schwerarbeiter», geht es ihm durch den Kopf.

10. Herr Alder hat 100 Plastikpfosten, an denen er zum Umzäunen der Schafweide ein grobmaschiges Spannnetz befestigen kann. Die Pfosten würden für eine Weide von 250 m Umfang ausreichen. Die kleine Weide im Loh, die er jetzt für die Schafe bereitgemacht hat, muss, gemessen an den Pfosten, die er gebraucht hat, einen Umfang von 105 m haben.

11. Herr Rüegg hatte vorgesehen, für den neuen Zaun entlang der Strasse im Abstand von 1.8 m insgesamt 32 Pfosten einzuschlagen. Nun findet er es aber besser, den Abstand von Pfosten zu Pfosten auf 1.6 m zu verkürzen.

Nochmals fehlen die Fragen

1. In der Schokoladefabrik «Amanda» hat man am Vormittag aus dunkler Schokolade Osterhasen gegossen. Um 13 Uhr hat eine Angestellte begonnen, diese Hasen mit Tupfen aus weisser Schokolade zu verzieren. Bis 14.15 Uhr hat sie 75 Hasen fertig gebracht. Sie muss, bis alle fertig sind, noch bis 16 Uhr genauso weiterfahren.

2. 540 Osterhasen aus Milchschokolade sollen mit Hilfe von dunkler Schokolade dunkle Augen und Ohren und auch sonst ein paar Flecken bekommen. Letztes Jahr brauchten 4 Angestellte für diese Arbeit im Ganzen $2\frac{1}{4}$ h. Dieses Jahr stehen für die gleiche Arbeit nur 3 Angestellte zur Verfügung.

3. In einem Arbeits-Camp braucht es Frischwasser aus einer Zisterne. Diese soll täglich nachgefüllt werden. Wenn man pro Person mit 24 l Frischwasser im Tag rechnet, müsste das Fassungsvermögen der Zisterne mindestens 3.6 hl betragen. Es wäre aber besser, wenn pro Tag und Person mindestens 30 l Wasser zur Verfügung stünden.

4. Die Zisterne eines Camps fasst so viel Frischwasser, dass für 18 Personen je 25 l pro Tag zur Verfügung stünden. Es werden jedoch höchstens 15 Personen im Camp arbeiten.

5. Mit der einen Hälfte des Traubensafts vom Rebberg am Buck hat man 784 Fläschchen zu 3 dl gefüllt. Die andere Hälfte kommt in 7-dl-Flaschen.

6. $\frac{2}{5}$ von Hildebrands Süssmost sind schon abgefüllt, und zwar in 76 Halbliter-Flaschen. Auch der Rest kommt in Halbliter-Flaschen.

7. Allein von den 0.9 kg Heidelbeeren, die Martina gesammelt hat, können die Rüeggs für den Markt 6 Schalen füllen. Es kommen aber noch die 1.2 kg Heidelbeeren dazu, die Tobias mit dem kleinen Kaspar zusammen gesammelt hat.

8. Einen Teil der Johannisbeeren füllen die Rüeggs in 15 Schalen zu 150 g. Ein gleich grosser Teil kommt in Schalen zu $\frac{1}{4}$ kg.

9. Das Planschbecken im Kindergarten Birkenfeld soll mit frischem Wasser gefüllt werden. Schon um 7 Uhr früh hat die Abwartin, Frau Bösch, den Wasserhahn aufgedreht. Es fliessen 32 l pro min ein und das Becken wäre genau um 10.20 Uhr, nämlich zum Pausenende, bis zum gewünschten Stand gefüllt. Nach 1 h hat aber Frau Bösch zusätzlich noch einen Schlauch installiert. Daraus fliesst gleich viel Wasser wie aus dem Hahn.

Zum Beispiel «Tempo 60»

«Tempo 60» – das heisst: Für alle Verkehrsteilnehmerinnen und -teilnehmer beträgt die erlaubte Höchstgeschwindigkeit 60 km/h. Man darf also höchstens so viel Gas geben, dass es in genau 1 h für eine Strecke von 60 km reichen würde, z.B. für die Strecke Schaffhausen–Zürich–Küsnacht.

Nun denk dir aber, verschiedene Verkehrsteilnehmerinnen und -teilnehmer kämen auf der **Strecke Schaffhausen–Zürich–Küsnacht (60 km)** unterschiedlich schnell voran. Alle würden sich also mit einer eigenen Durchschnittsgeschwindigkeit – ausgedrückt in km/h – fortbewegen. Zudem gilt auf dieser langen Strecke durchaus nicht immer «Tempo 60».

1. Übersicht über die Durchschnittsgeschwindigkeiten der einzelnen Teilnehmenden:

    A mit 60 km/h   F mit 12 km/h
    B mit 30 km/h   G mit 24 km/h
    C mit 5 km/h   H mit 90 km/h
    D mit 20 km/h   I mit 45 km/h
    E mit 80 km/h   K mit 50 km/h

    a) Nimm an, alle erwähnten Verkehrsteilnehmerinnen und -teilnehmer würden um 08.00 Uhr in Schaffhausen starten. Berechne, wie lange sie für die Strecke Schaffhausen–Küsnacht brauchen würden und wann sie in Küsnacht ankämen.

    b) Wie viel Zeit würden die Einzelnen durchschnittlich für 1 km der Strecke benötigen?

2. Stell dir vor, ein Flugzeug würde mit einer Reisegeschwindigkeit von durchschnittlich 900 km/h fliegen.
    Wie lange hätte es für eine Flugstrecke von 60 km?
    Und wie lange hätte es für eine Flugstrecke von 1 km?
    Welche Flugstreckenlänge würde es in 1 min schaffen? (Kannst du eine Flugstreckenlänge pro Minute allenfalls mit der Länge einer dir bekannten Wegstrecke vergleichen?)

3. Eine Ameise krabbelte auf einer geraden Wegstrecke in 3 min ganze 480 cm weit.
Wie lange hätte sie für die Strecke Schaffhausen–Küsnacht, wenn sie pausenlos mit immer derselben Geschwindigkeit weiterkrabbeln würde und wenn sie dabei nie vom richtigen Weg abkäme?
Wann käme sie in Küsnacht an, wenn sie sich am 6. März, und zwar morgens 6 Uhr, auf den Weg machen würde?

Rechnen mit Geschwindigkeiten

Nimm für die folgenden Aufgaben jeweils an, es seien 2 Personen, nämlich A und B, zum gleichen Ziel $\boxed{Z}$ unterwegs. Aus den Skizzen kannst du ablesen, mit welcher durchschnittlichen Geschwindigkeit sie sich fortbewegen und wie weit sie noch vom Ziel entfernt sind.
Rechne jeweils aus, welche Person um wie viel früher am Ziel ist als die andere.

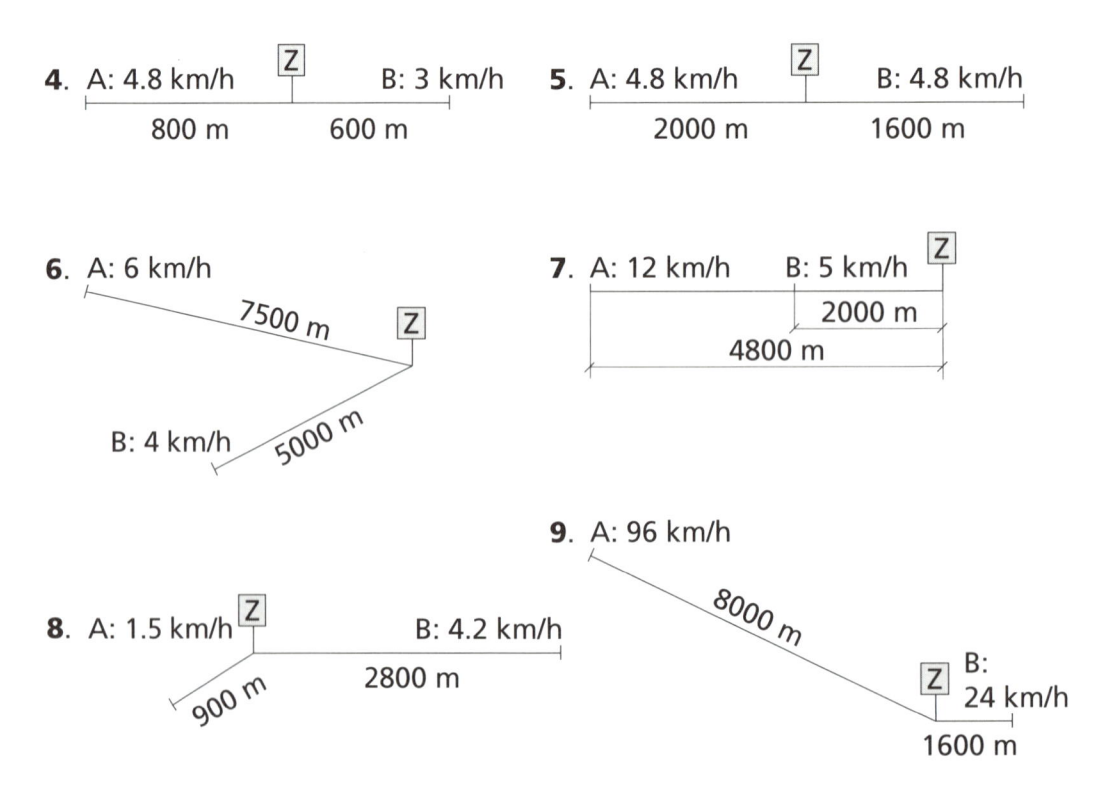

4. A: 4.8 km/h   B: 3 km/h
800 m   600 m

5. A: 4.8 km/h   B: 4.8 km/h
2000 m   1600 m

6. A: 6 km/h
7500 m
B: 4 km/h   5000 m

7. A: 12 km/h   B: 5 km/h
2000 m
4800 m

8. A: 1.5 km/h   B: 4.2 km/h
900 m   2800 m

9. A: 96 km/h
8000 m
B: 24 km/h
1600 m

Flächen

Flächen und ihre Begrenzungslinien

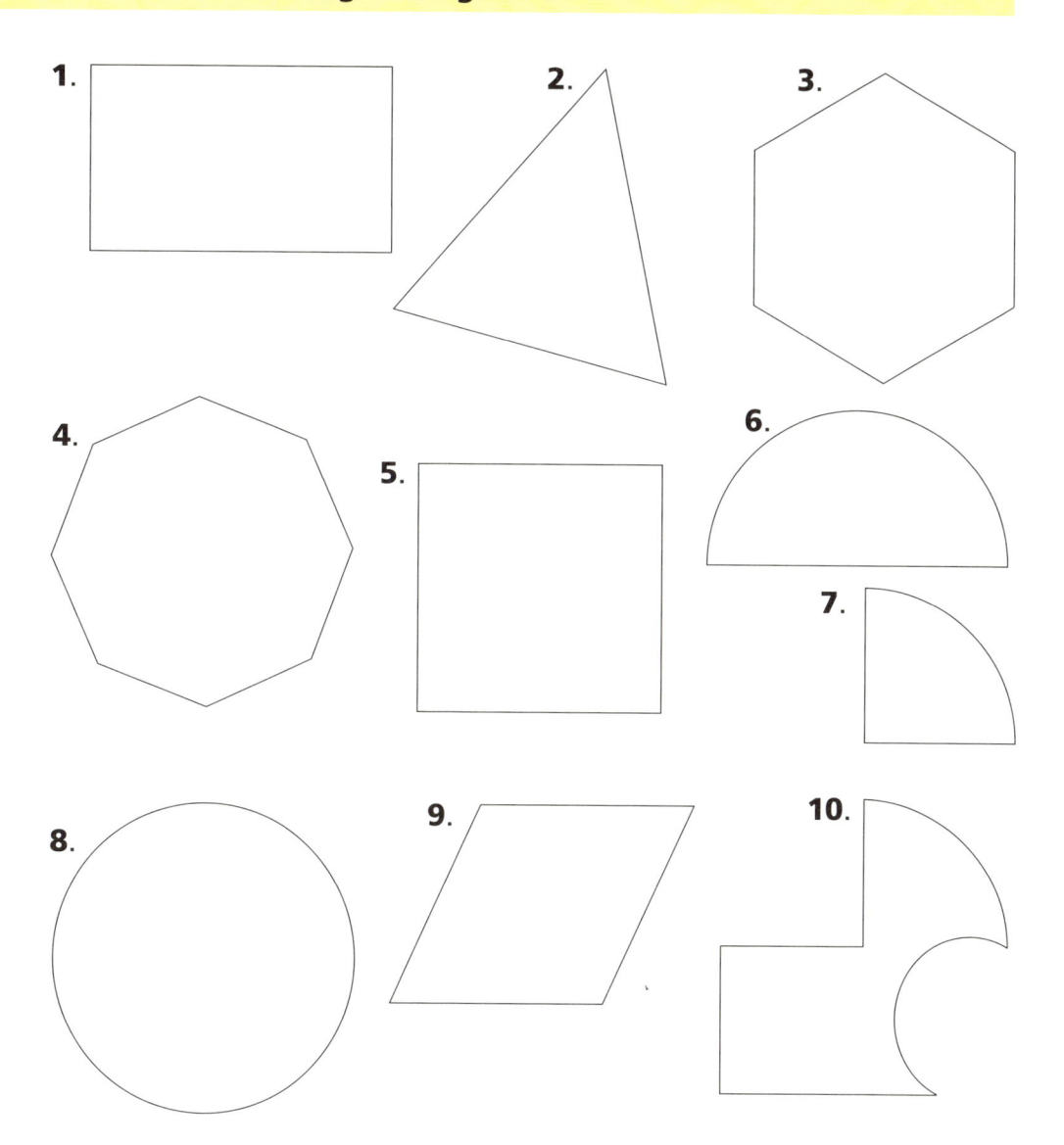

1.
2.
3.
4.
5.
6.
7.
8.
9.
10.

Benenne die Figuren, wo das möglich ist.

Die oben stehenden Figuren haben verschiedene Begrenzungslinien.
Mache über die Begrenzungslinie jeder Figur eine Aussage,
z.B. «Im Rechteck bilden 4 Strecken die Begrenzungslinie.».

Die Länge der Begrenzungslinie heisst **Umfang**.
Der Umfang wird in mm, cm… angegeben.

Berechnung des Umfangs von Rechteck und Quadrat

Bestimme den Umfang

1. des Rechtecks.

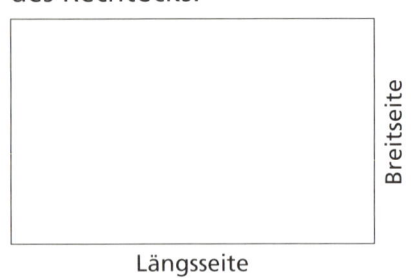

    Breitseite

    Längsseite

2. des Quadrats.

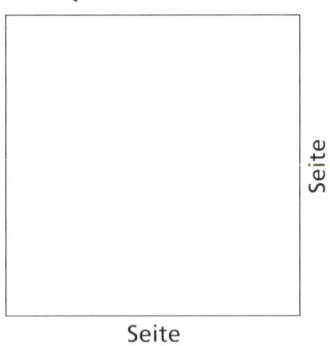

    Seite

    Seite

3. Wenn man die Seitenlängen kennt, dann kann man den jeweiligen Umfang **ausrechnen**. Schreibe entsprechende Gleichungen
    a) für das oben stehende Rechteck.
    b) für das oben stehende Quadrat.

Rechne jeweils den Umfang aus. Schreibe immer eine Gleichung.

4. Rechtecke:

Länge der Längsseite	Breitseite
a) 6 cm	4 cm
b) 7 mm	5 mm
c) 8 cm	7 cm
d) 5 mm	2 mm

5. Quadrate:

	Länge der Seite
a)	5 cm
b)	9 mm
c)	20 cm
d)	7 mm

«Faustregeln» Umfang des Rechtecks:
«Umfang = (2 · Länge) + (2 · Breite)»
«Umfang = 2 · (Länge + Breite)»
Umfang des Quadrats: «Umfang = 4 · Seite»

Bestimme nun auch die Seitenlängen.

6. Rechtecke:
    a) Umfang: 20 cm, Längsseite: 6 cm
    b) Umfang: 42 cm, Breitseite: 7 cm
    c) Umfang: 36 cm, Breitseite: 8 cm
    d) Umfang: 51 cm, Längsseite: 16 cm

7. Quadrate:
    a) Umfang: 20 cm
    b) Umfang: 144 cm
    c) Umfang: 10 cm
    d) Umfang: 1 m

Flächeninhalte vergleichen

Vergleiche die Flächeninhalte der folgenden Figuren. Ordne sie in Gedanken der Grösse nach so, wie du es für richtig hältst. Schreibe die den Flächen zugeordneten Buchstaben in der entsprechenden Reihenfolge auf: K <…

K <… bedeutet dann: Der Flächeninhalt der Figur K ist kleiner als der Flächeninhalt der Figur …

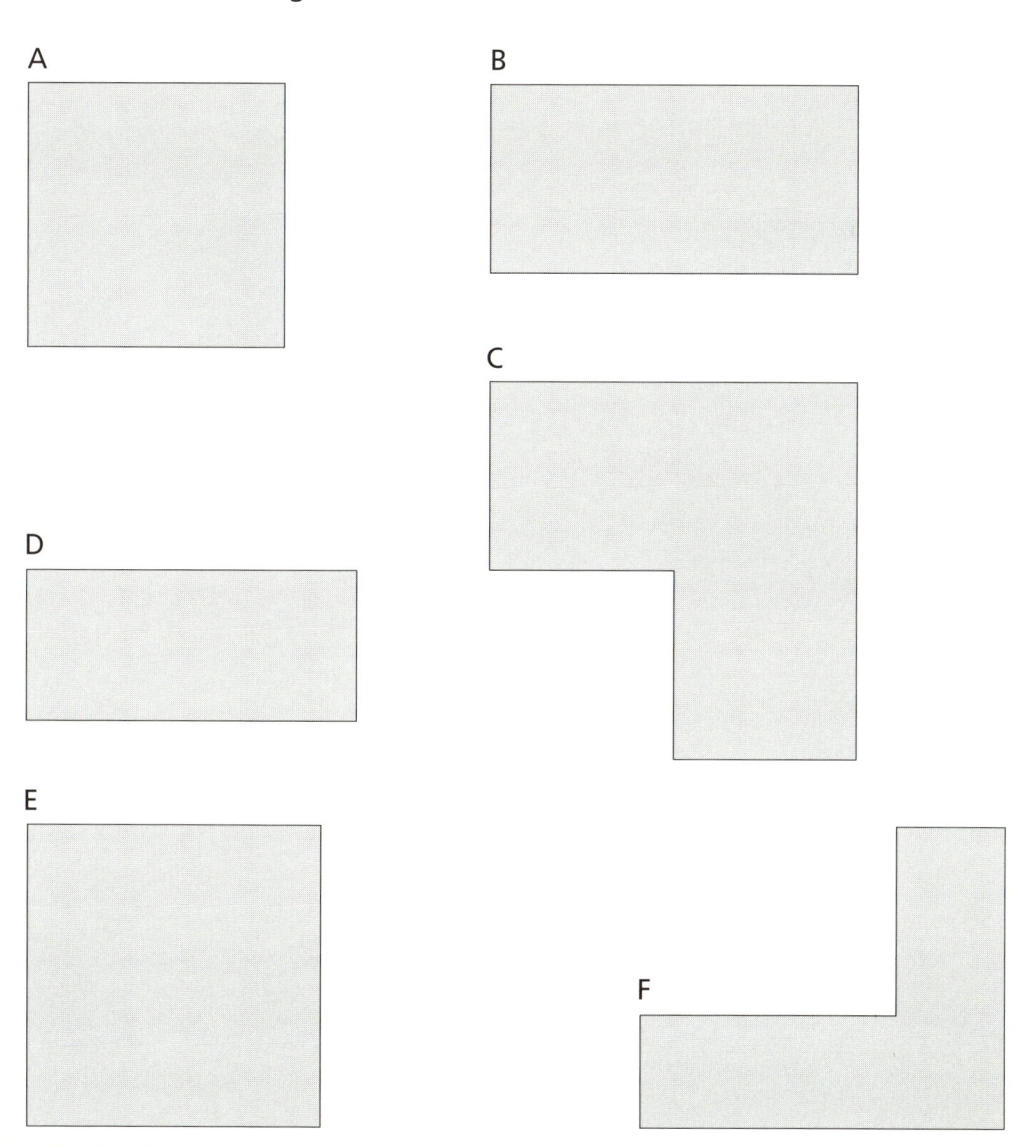

A

B

C

D

E

F

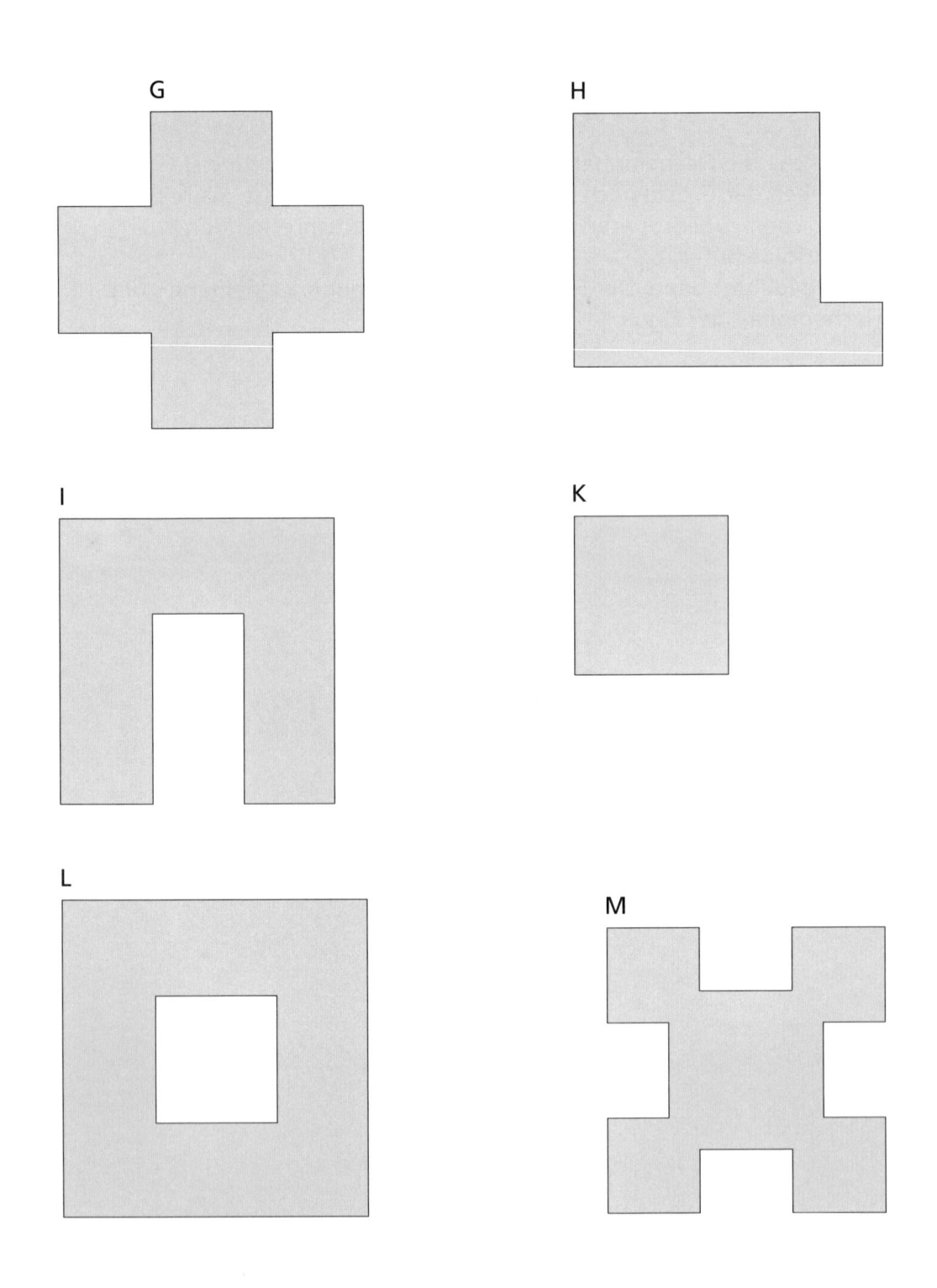

G

H

I

K

L

M

Flächen messen

Flächen werden mit Flächen gemessen. Um ihren **Flächeninhalt** zu bestimmen, verwenden wir Quadrate mit den Seitenlängen 1 mm, 1 cm, 1 dm usw.

Beispiele:

Quadrat mit der Seitenlänge 1 mm

1 **Quadratmillimeter**: 1 mm²

Quadrat mit der Seitenlänge 1 cm

1 **Quadratzentimeter**: 1 cm²

Quadrat mit der Seitenlänge 1 dm = 10 cm

1 **Quadratdezimeter**: 1 dm²

1 dm² = 100 cm² = 10 000 mm²

Alle Flächenmasseinheiten auf einen Blick

	km²	ha	a	m²	dm²	cm²	mm²

Seitenlänge des Quadrats	Grösse (Flächeninhalt)	Abkürzungen für Grösse
1 mm ⎫ · 10 1 cm ⎬ · 10 1 dm ⎬ · 10 1 m ⎬ · 10 10 m ⎬ · 10 100 m ⎬ · 10 1 km ⎭	1 Quadratmillimeter ⎫ · 100 1 Quadratzentimeter ⎬ · 100 1 Quadratdezimeter ⎬ · 100 1 Quadratmeter ⎬ · 100 1 Are ⎬ · 100 1 Hektare ⎬ · 100 1 Quadratkilometer ⎭	1 mm² ⎫ · 100 1 cm² ⎬ · 100 1 dm² ⎬ · 100 1 m² ⎬ · 100 1 a ⎬ · 100 1 ha ⎬ · 100 1 km² ⎭

$$1 \text{ mm}^2$$
$$100 \text{ mm}^2 = 1 \text{ cm}^2$$
$$10\,000 \text{ mm}^2 = 100 \text{ cm}^2 = 1 \text{ dm}^2$$
$$1\,000\,000 \text{ mm}^2 = 10\,000 \text{ cm}^2 = 100 \text{ dm}^2 = 1 \text{ m}^2$$

$$1 \text{ m}^2$$
$$100 \text{ m}^2 = 1 \text{ a}$$
$$10\,000 \text{ m}^2 = 100 \text{ a} = 1 \text{ ha}$$
$$1\,000\,000 \text{ m}^2 = 10\,000 \text{ a} = 100 \text{ ha} = 1 \text{ km}^2$$

Forme um

1. in mm²: 5 cm²
   11 cm²
   20 cm²
   9 cm²

2. in cm²: 4 dm²
   17 dm²
   3 dm²
   41 dm²

3. in mm²: 34 cm²
   16 cm²
   6 dm²
   10 dm²

4. in dm²: 8 m²
   30 m²
   15 m²
   96 m²

5. in m²: 3 a
   45 a
   70 a
   39 a

6. in m²: 4 ha
   10 ha
   3 km²
   10 km²

Flächeninhalte bestimmen – Seitenlängen bestimmen

Wenn wir Flächen (Figuren) in Quadrate unterteilen, dann können wir ihren Flächeninhalt durch **Auszählen** bestimmen.

Gib den Flächeninhalt der folgenden Figuren an.

1. **2.** 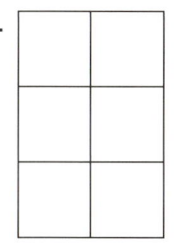 **3.** 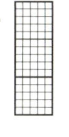 **4.** 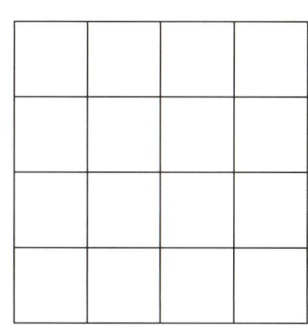 **5.**

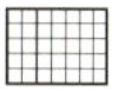

Du hast wohl schon gemerkt, dass man bei Rechtecken und Quadraten den Flächeninhalt nicht nur auszählen, sondern auch **ausrechnen** kann.

Beispiele: Aufgabe 2 Länge der Breitseite: 2 cm
Länge der Längsseite: 3 cm

Flächeninhalt des Rechtecks: 6 cm² = 2 cm · 3 cm

Aufgabe 4 Länge (je)der Seite: 4 cm

Flächeninhalt des Quadrats: 16 cm² = 4 cm · 4 cm

Rechne jeweils den Flächeninhalt aus. Schreibe immer die Gleichung, zum Beispiel 5 cm · 8 cm = 40 cm².

6. Rechtecke:

Länge der Längsseite	Breitseite
a) 6 cm	4 cm
b) 7 mm	4 mm
c) 8 cm	7 cm
d) 5 mm	4 mm

7. Quadrate:

	Länge der Seite
a)	5 cm
b)	9 mm
c)	20 cm
d)	7 mm

«Faustregeln»

Flächeninhalt des Rechtecks:
«Flächeninhalt = Länge · Breite = Breite · Länge»

Flächeninhalt des Quadrats: «Flächeninhalt = Seite · Seite»

Nun wollen wir umgekehrt anhand des Flächeninhalts und der Länge einer Seite eines Rechtecks die Länge der andern Seite bestimmen. Rechne jeweils die Länge derjenigen Seite aus, die nicht gegeben ist. Schreibe immer eine Gleichung, zum Beispiel 171 cm² : 9 cm = 19 cm.

8. Rechtecke:

	Flächeninhalt	Länge der Längsseite	Breitseite
a)	54 cm²	9 cm	
b)	105 cm²		7 cm
c)	156 cm²		12 cm
d)	1.36 dm²	17 cm	
e)	72 mm²		8 mm
f)	30 mm²	6 mm	
g)	60 cm²	8 cm	
h)	43 cm²		5 cm

«Faustregeln»   Länge der Längsseite des Rechtecks:
«Länge = Flächeninhalt : Breite»
Länge der Breitseite des Rechtecks:
«Breite = Flächeninhalt : Länge»

Wie bestimmt man die Seitenlänge eines Quadrats aus seinem Flächeninhalt? – Du weisst, dass zum Flächeninhalt 25 cm² die Seitenlänge 5 cm gehört, weil 5 cm · 5 cm = 25 cm².

Bestimme jeweils die Seitenlänge. Schreibe immer eine Gleichung, zum Beispiel 196 cm² = 14 cm · 14 cm.

9. Quadrate: Flächeninhalt

- **a)** 4 cm²
- **b)** 49 mm²
- **c)** 36 mm²
- **d)** 16 cm²
- **e)** 400 cm²
- **f)** 64 mm²
- **g)** 144 cm²
- **h)** 121 mm²
- **i)** 100 km²
- **k)** 10 000 m²
- **l)** 40 000 km²
- **m)** 1 000 000 mm²

Wenn wir voraussetzen, dass wir nur mit ganzzahligen Seitenlängen rechnen, dann können nicht alle der folgenden Grössen Flächeninhalte von Quadraten sein. – Welche sind es nicht?

10.
- **a)** 1 cm²
- **b)** 9 mm²
- **c)** 100 cm²
- **d)** 40 mm²
- **e)** 169 cm²
- **f)** 10 cm²
- **g)** 81 mm²
- **h)** 24 mm²
- **i)** 1000 m²
- **k)** 1600 km²
- **l)** 90 cm²
- **m)** 200 m²

Umfang und Flächeninhalt

Alle unten stehenden Figuren sind im **Massstab 1 : 200** gezeichnet. Es sind dafür die folgenden drei Arten von «Bausteinen» verwendet worden:

1. a) Bestimme «Länge» und «Breite» der «Bausteine» in wirklicher Grösse.
   b) Rechne aus, wie gross der Flächeninhalt der «Bausteine» in Wirklichkeit ist.

Bestimme für jede der folgenden Figuren
   a) den wirklichen Umfang.
   b) den wirklichen Flächeninhalt.

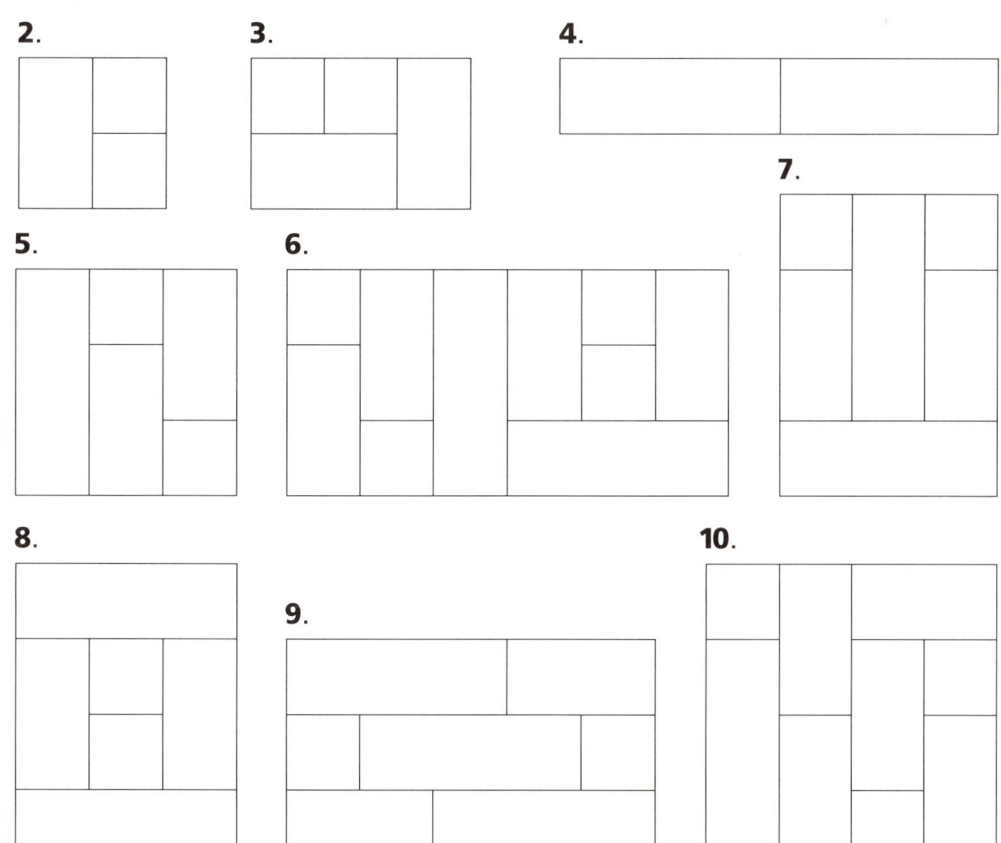

2.

3.

4.

5.

6.

7.

8.

9.

10.

105

Der Quadratkilometer

Auf der Landeskarte der Schweiz, Massstab 1 : 50 000, ist der Kilometer 2 cm lang.
1 Quadratkilometer (1 km²) ist auf einem solchen Kartenblatt also ein Quadrat mit der Seitenlänge 2 cm.

Schneide aus einem Papier- oder Sichtmäppchenstreifen ein Quadrat mit der Seitenlänge 2 cm heraus.
Durch das entstandene «Fenster» siehst du auf einer 50 000er-Karte die Fläche, die in Wirklichkeit einem Quadratkilometer entspricht.

1. Betrachte nun anhand der Schablone verschiedene Gebiete auf den Kartenausschnitten.

2. Gib für jeden Kartenausschnitt an, wie gross der Flächeninhalt des abgebildeten Gebietes in Wirklichkeit ist.

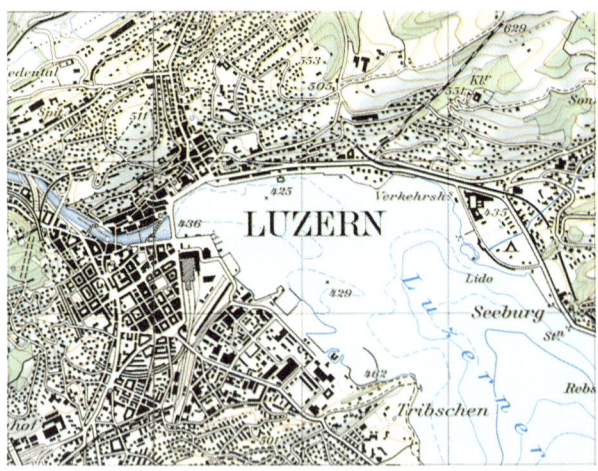

dicht besiedelt

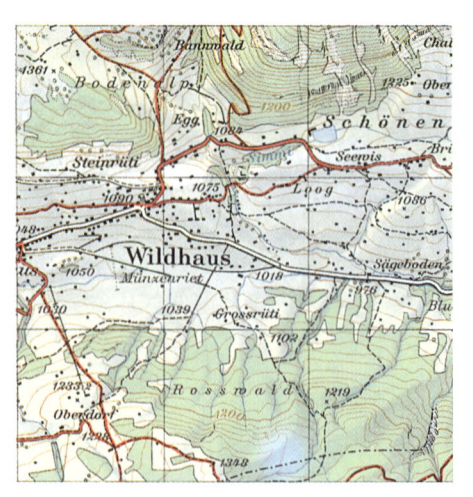

wenig besiedelt

unbewohnt

3. Verwende eine Karte, auf der deine Wohngemeinde, dein Schulhaus, dein Wohnhaus usw. abgebildet sind. Fertige eine Schablone an, mit der du einen Quadratkilometer auf deiner Karte betrachten kannst. Der Massstab der Karte bestimmt die Grösse des Quadrats, das du herausschneiden musst.

Ein Rechteck wird vielfach verändert

Für alle nachfolgenden Aufgaben geht man von einem Rechteck aus, das 12 cm lang und 8 cm breit ist. Manchmal wird nur die Längsseite verändert (verlängert oder verkürzt), manchmal nur die Breitseite, oder es werden gleich beide Seiten verändert.

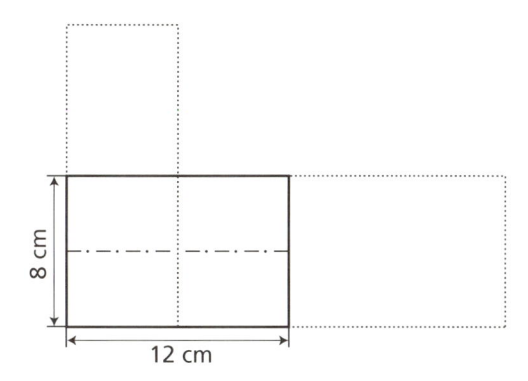

Denke daran, dass dir Skizzen, die du mit den betreffenden Längen anschreibst, wertvolle Hilfe leisten können.

Bestimme in allen Aufgaben vom betreffenden Rechteck

- a) die Grösse der Längsseite.
- b) die Grösse der Breitseite.
- c) den Umfang.
- d) den Flächeninhalt.

4. Das betreffende Rechteck ist das ursprüngliche Rechteck.

Im ursprünglichen Rechteck

5. wird nur die Breitseite halbiert.

6. wird nur die Längsseite verdoppelt.

7. werden Längsseite und Breitseite halbiert.

8. wird die Längsseite halbiert, und die Breitseite wird verdoppelt.

9. wird die Breitseite um $\frac{1}{4}$ verlängert.

10. wird die Längsseite um $\frac{1}{3}$ verkürzt.

11. werden die Längsseite und die Breitseite um je 2 cm verkürzt.

12. bleibt der Flächeninhalt unverändert, aber die Breitseite wird verdreifacht.

13. bleibt der Umfang unverändert, aber es wird ein Quadrat gebildet.

14. bleibt der Umfang unverändert, aber die Längsseite wird um 3 cm verkürzt.

15. bleibt der Flächeninhalt unverändert, aber die Breitseite wird um die Hälfte verlängert.

16. wird der Flächeninhalt um 15 cm² verkleinert, und es wird ein Quadrat gebildet.

Wiederholungsaufgaben

Gleichungen

Bestimme die Lösungen.

1. 24 + 58 = 39 + ☐
2. 910 − 480 = ☐ + 70
3. ☐ · 80 = 2400 + 2400
4. ☐ · 4 = 72 : 6

5. 9600 : 6 = ☐ : 2
6. 290 + ☐ = 1000 − 320
7. 2600 − ☐ = 40 · 60
8. 5 · 3200 = ☐ − 1400

9. 8100 − 600 = 4000 + ☐
10. ☐ − 80 = 460 + 460
11. 490 : 7 = ☐ − 90
12. 1800 + 5800 = ☐ + 6600

13. 6.9 m : 3 = 1.5 m + ☐
14. ☐ + 0.38 kg = 0.17 kg + 0.73 kg
15. 5.4 cm − 4.8 cm = 1.8 cm : ☐
16. 6 · 1.5 l = 8.1 l + ☐

17. ☐ : 8 = 0.04 hl + 0.08 hl
18. 7 · ☐ = 0.16 m + 0.19 m
19. 4 kg − 3.2 kg = ☐ : 7
20. 0.036 : ☐ = 0.009 + 0.009

21. ☐ − 0.3 = 4.8 : 4
22. 0.007 t + 0.008 t = 0.045 t : ☐
23. 1.7 + ☐ = 1.5 + 5
24. 7 · ☐ = 3 · 1.4

Wie heisst die Zahl?

25. Sie ist um das 27fache von 19 kleiner als 100 000.

26. Sie ist das Doppelte des 33fachen von 670.

27. 100 000 ist das Zehnfache von $\frac{1}{4}$ der gesuchten Zahl.

28. Wenn du das Achtfache der gesuchten Zahl durch 5 dividierst, dann erhältst du die Hälfte von 14 400.

29. Wenn du $\frac{1}{3}$ der gesuchten Zahl mit 9 multiplizierst, dann erhältst du das Doppelte von 4320.

Welcher Term passt?

Bestimme für jede Aufgabe den passenden Term und rechne ihn aus.

1. Eine rechteckige, 75 m lange und 25 m breite Schafweide wird eingezäunt. Dabei wird alle 2 m ein Pfosten gesetzt.

    200 m : 2 m
    (200 m : 2 m) + 2

2. Die beiden Freunde Carlo und Samuel radeln gleich schnell nach Hause. Samuels Weg ist um $\frac{2}{3}$ länger als jener von Carlo. Carlo braucht für die Fahrt 12 min und ist um 16.07 Uhr zuhause.

    16 h 7 min − 8 min
    16 h 7 min + 8 min

3. Für eine geradlinige Himbeerhecke braucht man 13 Pfosten, wenn man alle 2 m einen Pfosten setzt.

    13 · 2 m
    12 · 2 m

Schlüsselbretter

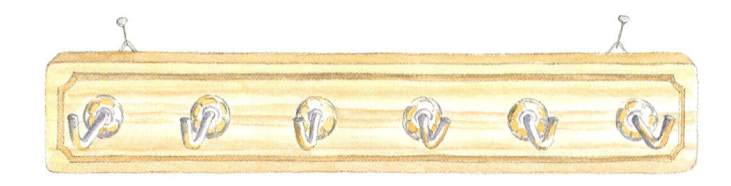

4. Ein Schlüsselbrett ist 19 cm lang. In gleich grossen Abständen sind 6 Aufhänger angebracht – jeder der beiden äussersten 2 cm vom Brettrand entfernt. Wie gross ist der Abstand von Aufhänger zu Aufhänger?

5. Auf einem Schlüsselbrett sind 7 Aufhänger in Abständen von 5 cm angebracht – jeder der beiden äussersten 3 cm vom Brettrand entfernt. Wie lang ist das Schlüsselbrett?

6. Ein Schlüsselbrett ist 20 cm lang. In Abständen von 2 cm sind Aufhänger angebracht – jeder der beiden äussersten 2 cm vom Brettrand entfernt. Wie viele Aufhänger sind angebracht?

Operationen mit Grössen

Bestimme die Lösungen.

1. (9 · 0.45 hl) + 39 l = ☐
2. (39 · 50 Rp.) + 13 Fr. = ☐
3. ☐ − 0.013 km = 990 m
4. 1 t = 113 kg + ☐

5. 100 Fr. = ☐ + 7.95 Fr. + 23.10 Fr.
6. 45.2 m : 8 = ☐
7. $\frac{3}{8}$ kg + ☐ = 29 · 0.2 kg
8. $\frac{5}{8}$ km − 0.4 km + $\frac{19}{25}$ km = ☐

9. 725.7 km : 59 = ☐
10. 23 · 4.87 hl = ☐
11. ($\frac{2}{3}$ d + $\frac{3}{4}$ d) : 17 = ☐
12. $\frac{3}{50}$ hl − $\frac{3}{5}$ hl + 0.7 hl = ☐

13. 49 · $\frac{7}{10}$ m = ☐
14. 24 · $\frac{7}{12}$ min = ☐
15. $\frac{5}{8}$ km − 2 km + 1.375 km = ☐
16. ☐ + $\frac{1}{4}$ Fr. + $\frac{1}{5}$ Fr. + $\frac{1}{25}$ Fr. = $\frac{1}{2}$ Fr.

Abfüllen, kaufen, wägen ...

17. Orangensaft wird statt in 120 Flaschen zu 33 cl in Flaschen zu 0.3 l abgefüllt. Wie viele 0.3-l-Flaschen werden benötigt?

18. 6.2 hl Süssmost werden in 1.5-l-Flaschen und in 1-l-Flaschen abgefüllt. Von den grösseren Flaschen sind es doppelt so viele wie von den kleineren. Rechne von beiden Flaschensorten die Anzahl aus.

19. Eine bestimmte Menge Wein wird in 75-cl-Flaschen und in 1-l-Flaschen abgefüllt. Von den kleineren Flaschen sind es doppelt so viele wie von den grösseren. Im Ganzen sind es 120 Flaschen. Wie viel Wein ist abgefüllt worden?

20. Bis jetzt bekam man für 9.60 Fr. 12 Brötchen. Nun haben aber die Brötchen 10 Rp. pro Stück aufgeschlagen. Wie viel kosten jetzt 15 dieser Brötchen?

21. Drei Pakete wiegen zusammen 60.1 kg. Zwei Pakete sind gleich schwer, das dritte wiegt 7.3 kg mehr als eines der beiden andern. Wie schwer ist jedes der drei Pakete?

Mit Begriffen umgehen

1. Rechne $\frac{3}{9}$ der Differenz von 12 588.1 und 8927.08 aus.

2. $\frac{2}{9}$ einer Zahl ist gleich gross wie $\frac{3}{7}$ von 48 020. Wie heisst die Zahl?

3. Die Differenz von $\frac{9}{12}$ einer Zahl und $\frac{8}{12}$ derselben Zahl ist 144. Wie heisst die Zahl?

4. Wenn du $\frac{1}{8}$ einer Zahl zu $\frac{5}{8}$ derselben Zahl addierst, dann erhältst du 4737.6. Wie heisst die Zahl?

5. Wenn du das 25fache vom 30fachen einer Zahl subtrahierst, dann erhältst du 5000. Wie heisst die Zahl?

6. Christina sagt zu Marius: «Ich denke mir zwei Zahlen. Die Summe der beiden beträgt 3500, ihr Unterschied beträgt 500.» Wie heissen die beiden Zahlen?

Verschiedene Teile

7. Genau $\frac{1}{5}$ des Jahres 1999 verbrachte Frau Nef bei ihrer Tochter in den USA, und 14 Tage lang war sie anschliessend bei Bekannten in Frankreich. Die übrige Zeit des Jahres verbrachte sie daheim an ihrem Wohnort in der Schweiz. Wie viele Tage waren das?

8. Andreas hat zwar erst die Hälfte seiner 14 Ferientage im Bündner Oberland hinter sich, aber er hat schon $\frac{3}{4}$ seines Feriengeldes von ursprünglich 28 Fr. verbraucht. Wie viel Geld könnte er in der noch verbleibenden Zeit durchschnittlich pro Tag ausgeben?

9. Mit der letzten Getränkelieferung kamen 168 grosse und viermal so viele kleine Flaschen Mineralwasser ins Restaurant «Kreuz». Von den kleinen Flaschen wurden bis jetzt $\frac{3}{8}$ gebraucht. Wie viele kleine Flaschen sind noch voll?

10. Vom roten Traubensaft wurden seit der letzten Lieferung 108 kleine Flaschen, nämlich $\frac{4}{9}$ des Vorrats, ausgeschenkt. Wie viele kleine Flaschen sind noch vorrätig?

Aufgaben mit Tücken

1. Welche Zahl ist um $\frac{7}{8}$ kleiner als 9.05?

2. Rechne den Term 8473 m + 5.079 km + $\frac{11}{50}$ km aus.

3. Welche Masseinheiten musst du für ☐, △ und ☐ einsetzen, damit die Gleichung 7 ☐ 33 △ + 16 ☐ 27 △ = 1 ☐ gelöst ist?

4. $\frac{9}{16}$ einer Zahl ist 225. Wie heisst die Zahl?

5. Die Darstellung zeigt eine Figur, die aus neun gleich grossen Quadraten gebildet worden ist.
Der Umfang eines Quadrats beträgt in Wirklichkeit 14 cm. Wie gross ist der Umfang der Figur?

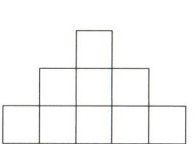

6. Die Darstellung zeigt eine Figur, die aus neun gleich grossen Quadraten gebildet worden ist.
Der Flächeninhalt eines Quadrats beträgt in Wirklichkeit 16 cm². Nun soll die Figur mit solchen Quadraten zu einem Rechteck ergänzt werden. Wie gross ist der Flächeninhalt der «Ergänzungsfigur» mindestens?

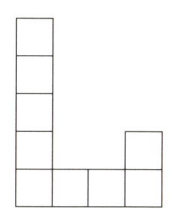

7. Franziska multipliziert eine Zahl mit 24. Dann subtrahiert sie vom dritten Teil dieses Ergebnisses 216 und erhält 64. Mit welcher Zahl hat sie begonnen?

8. Berechne den Unterschied zwischen der grössten und der kleinsten dreistelligen Zahl mit je der Quersumme 10.

9. Eine Büchse Eistee-Pulver enthält 500 g Pulver und kostet 7.50 Fr. Für die Zubereitung von 1 l Eistee braucht man 50 g Pulver. Wie viel kostet nach diesen Angaben das Pulver, das man für die Zubereitung von 3 l Eistee benötigt?

10. In ihrer Sparbüchse bewahrt die Mutter nur Einfranken- und Zweifrankenstücke auf. Im Ganzen enthält die Büchse 120 Fr., wobei es dreimal so viele Einfränkler wie Zweifränkler sind. Wie viele Geldstücke von jeder Sorte sind es?

Nochmals Aufgaben mit Tücken

1. Bestimme die Lösung: 19.857 kg + 14.253 kg = ☐ − 34.11 kg

2. Bestimme die Lösung: (10 h − 6 h 8 min) : 4 min = ☐

3. Gegeben sind die folgenden Zahlen:

   0.3   0.334 $\frac{4}{9}$ $\frac{311}{1000}$ $\frac{3}{8}$ 0.33

   Notiere die Zahlen, die kleiner als $\frac{1}{3}$ sind, und rechne ihre Summe aus.

4. Berechne den Unterschied zwischen dem vierten Teil einer halben Stunde und dem sechsten Teil einer Viertelstunde.

5. Ein Papierquadrat wird in 9 gleich grosse Quadrate zerschnitten, von denen jedes einen Umfang von 20 cm hat. Wie gross ist der Umfang des ursprünglichen Quadrats?

6. Michael und Patrick sammeln fremde Münzen. Michael sagt zu Patrick: «Wenn du mir zu meinen 36 Münzen noch $\frac{1}{5}$ deiner Münzen gäbest, dann hätte ich im Ganzen 50 Münzen.» Wie viele Münzen besitzt Patrick?

7. Ein rechteckiger Badezimmerboden ist mit 54 quadratischen Platten belegt. Jede Platte hat eine Seitenlänge von 25 cm. In der Länge haben 9 Platten Platz. Wie breit ist das Badezimmer?

8. Marinade zum Würzen von Fleisch kostet in der 250-g-Tube 4.50 Fr. Auf der Tube steht auch noch der Preis pro 100 g.
   Wie viel beträgt er?

9. Karin hat auf der Karte im Massstab 1 : 50 000 eine Wanderstrecke von 15 cm abgemessen. Wie lange wird sie für die wirkliche Strecke brauchen, wenn sie durchschnittlich mit 5 km/h marschiert?

10. Welche Zahlen zwischen 0 und 120 erfüllen alle vier Bedingungen?
    Die Zahlen sind **gerade** und **teilbar durch 9** und **nicht teilbar durch 4** und **enthalten keine Null**.

Prozentrechnen

Orangensaft
ungezuckert
Jus d'orange
non sucré
100% naturrein / naturel

Wir suchen per sofort eine Mitarbeiterin in unsere
Buchhaltung, 40%

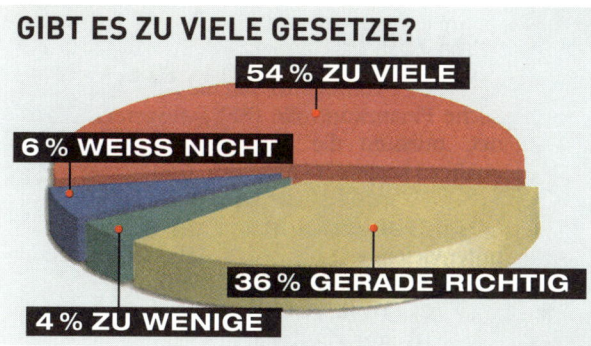

TA868.M14
Preissturz
Telefonieren
bis 84% günstiger

GIBT ES ZU VIELE GESETZE?
54% ZU VIELE
6% WEISS NICHT
36% GERADE RICHTIG
4% ZU WENIGE

54 PROZENT der Schweizerinnen und Schweizer finden, es gebe hier zu Lande zu viele Gesetze. Nur 4 Prozent sind der Ansicht, es gebe zu wenig Gesetze.

Teigwaren
alle Sorten, 500 g
20 % billiger !

Jetzt können Sie gewaltig profitieren!
Alle Ausstellküchen
mit 50% Rabatt

125% zugelegt

Privatkonto *extra*
■ **bankspesenfrei**
■ **bis ½ % Zusatzzins**

Neue Schreibweise – längst bekannte Rechnung

Tafelgetränk mit 10% Grapefruitsaft kohlensäurehaltig   **1 Liter**

10 Prozent
Prozent, vom lateinischen «procentum» abgeleitet, bedeutet: **auf 100 bezogen**

1 Ganzes entspricht **100%** (des Ganzen)
1% des Ganzen entspricht $\frac{1}{100}$ (des Ganzen)

Prozentrechnung:

10% von 1 l
= (100 cl : 100) · 10 = 10 cl

Bruchrechnung:

$\frac{10}{100}$ von 1 l
= (100 cl : 100) · 10 = 10 cl

Rechne nun die Terme aus.

1. a) 10% von 2 l
   b) 10% von 5 l
   c) 10% von 300 ml
   d) 10% von 0.7 l

2. a) 7% von 1 l
   b) 3% von 1 l
   c) 16% von 1 l
   d) 8% von 1 l

MINARINE   **400 g**   *40% Fett*

3. a) 40% von 400 g
   b) 40% von 1 kg
   c) 40% von 0.5 kg
   d) 40% von 0.2 kg

BROTAUFSTRICH MIT BUTTER UND 15% BALLASTSTOFF   **200 g**   NUR/SEULEMENT/SOLO **20%** FETT/GRAISSE/GRASSO

4. a) 20% von 200 g
   b) 20% von 0.1 kg
   c) 15% von 200 g
   d) 15% von 0.5 kg

Erkläre deinen Mitschülerinnen und Mitschülern, wie du die Aufgaben 3 und 4 ausgerechnet hast.

Verschiedene Wege führen zum Ziel

Beispiel: 75% von 90 Fr.

$\frac{75}{100}$ von 90 Fr. = (90 Fr. : 100) · 75 = 0.90 Fr. · 75 = 67.50 Fr.

$\frac{75}{100}$ von 90 Fr. = $\frac{3}{4}$ von 90 Fr. = (90 Fr. : 4) · 3 = 22.50 Fr. · 3 = 67.50 Fr.

Rechne die Terme aus. – Wähle dabei denjenigen Weg, der dir am geeignetsten scheint. Wo du es für nötig hältst, darfst du auch schriftlich rechnen.

1. 7% von 200 Fr.
2. 2% von 3500 km
3. 9% von 67 000 Einwohnern
4. 11% von 1400 Angestellten
5. 5% von 3 m
6. 3% von 40 l
7. 37% von 1 t
8. 10% von 60 cm
9. 63% von 1 000 000 Fr.
10. 20% von 15 500 Wagenladungen
11. 60% von 2700 Stimmberechtigten
12. 25% von 24 hl

13. 50% von 192 Fr.
14. 11% von 67 000 km
15. 20% von 195 l
16. 105% von 650 Fr.
17. 51% von 740 t
18. 90% von 2.5 kg
19. 39% von 18 m
20. 110% von 66 km
21. 150% von 280 kg
22. 99% von 3900 Fr.
23. 70% von 6.8 l
24. 23% von 0.7 t

25. 80% von 76 t
26. 25% von 146 Fr.
27. 94% von 2 kg
28. 200% von 176 l
29. 47% von 500 kg
30. 60% von 34 kg
31. 9% von 1.7 km
32. 120% von 0.85 t
33. 30% von 1440 Fr.
34. 75% von 268 km
35. 125% von 420 Fr.
36. 300% von 69 t

Auch eine Prozentrechnung

Hannes wurde vor den Gemeinderat zitiert.
Der Präsident herrschte ihn an: «Wie kommst du dazu, im ‹Bären› vor allen Leuten zu behaupten, 50% des Gemeinderates seien Spitzbuben? Wenn du das nicht zurücknimmst, gehen wir miteinander vor Gericht!»
Darauf meinte Hannes gelassen: «Ich nehme ja alles zurück und sage es laut und deutlich, 50% des Gemeinderates sind keine Spitzbuben.»

Unterirdische und oberirdische Streckenabschnitte

Gegeben sind die Längen verschiedener schweizerischer Eisenbahnstrecken (auf km genau), zum Beispiel die Länge der Strecke Basel–Brugg, und dazu die Gesamtlängen der zugehörigen Tunnelabschnitte, ausgedrückt in Prozenten der Streckenlänge.

	Strecke	Länge	davon Tunnels
1.	Basel–Brugg	31 km	9%
2.	Zürich–Winterthur (via Flughafen)	26 km	20%
3.	Rapperswil–St. Gallen	79 km	17%
4.	Zürich–Bern	130 km	5%
5.	Zürich–Schaffhausen	46 km	3%
6.	Zürich–Luzern	67 km	12%
7.	Luzern–Interlaken Ost (Brünig)	74 km	5%
8.	Spiez BE–Brig VS (Lötschberg)	74 km	39%
9.	Brig VS–Locarno TI (Simplon/via Italien)	93 km	33%
10.	Brig VS–Disentis GR	97 km	20%
11.	Chur–St. Moritz RhB	103 km	16%
12.	Luzern–Bellinzona TI (Gotthard)	150 km	$33\frac{1}{3}$%

Berechne nun von jeder Eisenbahnstrecke die Länge des unterirdischen und des oberirdischen Streckenabschnitts (runde auf 10 m genau).
Gib zudem die Länge des oberirdischen Streckenabschnitts in Prozenten der Länge der ganzen Eisenbahnstrecke an.

Beispiel:

1. Basel–Brugg

   ▓▓▒▒ *31 km (100%)*
   9% .... 91% ....
   2.79 km .... 28.21 km ....

Übertrage deine Ergebnisse der Aufgaben 2 bis 12 gemäss Beispiel auf das Arbeitsblatt A64*.

Wiederholungsaufgaben

Ausnahmen bestätigen die Regel

Fast alle Lösungen der folgenden Gleichungen weisen die Ziffernfolge 1 – 4 – 0 – 7 – 6 auf. Es gibt nur drei Ausnahmen. Diese bestätigen, wie man sagt, die Regel. – Bestimme die Lösungen. Markiere die drei Lösungen, welche von der Regel abweichen.

1. $206.3 - 65.54 = \square$
2. $2.756 + 5.47 + 5.85 = \square$
3. $\square = 200 - 39.44 - 19.8$
4. $\square = 703.8 : 50$
5. $36 \cdot 78.2 = 2 \cdot \square$

6. $\square = 1.99 + 0.3916 - 0.974$
7. $2.79 = 1.3824 + \square$
8. $\square = 75.38 : 5$
9. $947.06 = 961.136 - \square$
10. $8158 - 3158 = 3992.4 + \square$

11. $0.004 + \square = 14.08$
12. $2111.4 = \square \cdot 15$
13. $91494 : \square = 65$
14. $\square : 48 = 293.25$
15. $100 \cdot \square = 1407.6$

16. $\square \cdot 75 = 1055.7$
17. $\square = 30 \cdot 4.692$
18. $\square + 0.6924 = 2.1$
19. $\square - 86.96 - 13.8 = 40$
20. $\square + 140.76 - 14.076 = 140.76$

21. $\square = 138 \cdot 0.102$
22. $(432 \cdot 7.82) : 24 = \square$

23. $469.53 + \square = 540 \cdot 1.63$
24. $925.27 = \square - (694 \cdot 0.695)$

Wie heisst die Zahl?

1. Wenn man zu einer Zahl zuerst 1.7 addiert und anschliessend das Ergebnis mit 12 multipliziert, dann erhält man 31.2.

2. Wenn man von einer Zahl zuerst 1.7 subtrahiert und anschliessend das Ergebnis durch 12 dividiert, dann erhält man 31.2.

3. Wenn man $\frac{1}{6}$ einer Zahl mit 48 multipliziert, dann erhält man 3.84.

4. Wenn man das Sechsfache einer Zahl durch 48 dividiert, dann erhält man 3.84.

5. Wenn man das Achtfache einer Zahl mit 24 multipliziert, dann erhält man 0.96.

6. Wenn man $\frac{1}{8}$ einer Zahl durch 24 dividiert, dann erhält man 0.96.

7. Wenn man vom Fünffachen einer Zahl 10.8 subtrahiert, dann erhält man das Doppelte der gesuchten Zahl.

8. Wenn man zu $\frac{1}{4}$ einer Zahl 0.9 addiert, dann erhält man die Hälfte der gesuchten Zahl.

9. Wenn man die Summe von $\frac{1}{8}$ einer Zahl und $\frac{5}{8}$ derselben Zahl ausrechnet, dann erhält man 0.984.

10. Wenn man die Differenz von $\frac{7}{9}$ einer Zahl und $\frac{4}{9}$ derselben Zahl ausrechnet, dann erhält man 0.984.

11. Wenn man vom Doppelten einer Zahl die Hälfte derselben Zahl subtrahiert, dann erhält man 2.25.

12. Wenn man zur Hälfte einer Zahl das Doppelte derselben Zahl addiert, dann erhält man 2.25.

Mathematik-Quiz

Im folgenden Quiz kannst du herausfinden, wie gut du dich in den angesprochenen Gebieten der Mathematik auskennst. Mache dir keine Sorgen: Auch nach einem Fehler wirst du wieder auf den richtigen Weg geleitet. Entscheide dich jeweils für eine der drei angebotenen Möglichkeiten **a**, **b** oder **c**. Dein Entscheid bestimmt, wo es weitergeht.

① Welche Aussage ist wahr?
   a Alle Zahlen der Viererreihe sind durch 8 teilbar.   : weiter mit ⑧
   b Nicht alle Zahlen der Achterreihe sind durch
      4 teilbar.   : weiter mit ⑫
   c Nicht alle Zahlen der Viererreihe sind durch
      8 teilbar.   : weiter mit ⑲

② Das trifft nicht zu, denn 1000 ist ja auch eine
   vierstellige Zahl.   : zurück zu ④

③ Du hast den Fehler gemerkt! Das Dreifache **plus** das
   Doppelte einer Zahl ergibt das **Fünffache** dieser Zahl.
   Beispiel: (2 · 4) + (3 · 4) = 5 · 4   : weiter mit ⑳

④ Was trifft zu?
   a Alle vierstelligen Zahlen sind grösser als 1000.   : weiter mit ②
   b Alle vierstelligen Zahlen sind mindestens so gross
      wie 1000.   : weiter mit ⑦
   c Nicht alle vierstelligen Zahlen sind kleiner
      als 10 000.   : weiter mit ㉔

⑤ Achtung, 49 ist **keine** Primzahl, denn 49 ist ausser
   durch 1 und 49 auch durch 7 teilbar.   : zurück zu ⑱

⑥ Links vom Gleichheitszeichen hast du es ja mit
   m, cm und **mm** zu tun!   : zurück zu ⑳

⑦ Das trifft zu, weil 1000 die kleinste vierstellige Zahl ist. : weiter mit ⑰

⑧ Nein, denn jede zweite Zahl der Viererreihe ist
   nicht durch 8 teilbar (4, 12, 20, …).   : zurück zu ①

⑨ Irrtum: Die Aussage ist **wahr**.
Beispiel: 2 · (2 · 5) = 4 · 5 : zurück zu ⑰

⑩ Du hast richtig umgewandelt. : weiter mit ⑱

⑪ Denke daran: 1 d = 24 h, 48 h + 5 h = 53 h : zurück zu ㉒

⑫ Falsch: Alle Zahlen der Achterreihe (8, 16, 24, …) sind durch 4 teilbar. : zurück zu ①

⑬ Das trifft zu: Nicht kleiner als 11 und nicht grösser als 31 sind die **elf** ungeraden Zahlen 11, 13, 15, 17, 19, 21, 23, 25, 27, 29, 31. : weiter mit ㉓

⑭ Es gibt genau eine gerade Primzahl, nämlich 2. Sie ist zugleich die kleinste Primzahl. : weiter mit ㉒

⑮ Das trifft nicht zu, weil 1 und 21 mitgezählt werden müssen. : zurück zu ㉑

⑯ Zeitmasse sind **keine dezimalen** Grössen!
7 h = 420 min,   420 min + 54 min = 474 min : zurück zu ㉒

⑰ Welche Aussage ist **falsch**?
   a Das Dreifache vom Doppelten einer Zahl ergibt das Fünffache dieser Zahl. : weiter mit ③
   b Das Doppelte vom Doppelten einer Zahl ergibt das Vierfache dieser Zahl. : weiter mit ⑨
   c Das Dreifache vom Doppelten einer Zahl ergibt das Sechsfache dieser Zahl. : weiter mit ㉕

⑱ Was trifft zu?
   a 41, 43, 47, 49, 53, 59 sind Primzahlen. : weiter mit ⑤
   b Keine Primzahl ist gerade. : weiter mit ㉗
   c Nicht alle Primzahlen sind ungerade. : weiter mit ⑭

⑲ Das ist wahr, denn nur jede zweite Zahl der Viererreihe ist durch 8 teilbar. : weiter mit ④

20 Welche Aussage ist wahr?

    a 1 m 7 cm 2 mm = 172 mm   : weiter mit **29**

    b 1 m 7 cm 2 mm = 1072 cm   : weiter mit **6**

    c 1 m 7 cm 2 mm = 1072 mm   : weiter mit **10**

21 Was trifft zu?

    a Zehn ungerade Zahlen sind kleiner als 41, aber grösser als 21.   : weiter mit **26**

    b Elf ungerade Zahlen sind nicht kleiner als 11 und nicht grösser als 31.   : weiter mit **13**

    c Neun ungerade Zahlen sind mindestens so gross wie 1 und höchstens so gross wie 21.   : weiter mit **15**

22 Welche Aussage ist wahr?

    a 8 min 29 s = 509 s   : weiter mit **28**

    b 7 h 54 min = 754 min   : weiter mit **16**

    c 2 d 5 h = 125 h   : weiter mit **11**

23 Falls du es für angezeigt hältst, deine Kenntnisse noch einmal zu überprüfen.   : zurück zu **1**

24 **Doch**, es sind **alle** vierstelligen Zahlen kleiner als 10 000.   : zurück zu **4**

25 Du hast dich geirrt: Die Aussage ist wahr. Beispiel: 3 · (2 · 4) = 6 · 4   : zurück zu **17**

26 **Kleiner** als 41, aber **grösser** als 21 sind die **neun** ungeraden Zahlen 23, 25, 27, 29, 31, 33, 35, 37, 39.   : zurück zu **21**

27 Diese Aussage ist falsch.   : zurück zu **18**

28 Du hast richtig überlegt: 8 min = 480 s, 480 s + 29 s = 509 s   : weiter mit **21**

29 Denke daran: 1 m = 100 cm, 1 cm = 10 mm, also 1 m = 1000 mm   : zurück zu **20**

«Tunnel-Mathematik»

Länge T. des projektierten Tunnels

I   II

Die meisten Tunnels werden mit riesigen Bohrmaschinen gleichzeitig von zwei Seiten her in den Berg vorgetrieben. Ingenieure können mit Hilfe ihrer Kunst alles genau vorausberechnen, sodass es eines Tages im Berg zum Durchbruch kommt – auf Dezimeter oder gar Zentimeter genau.

Nimm an, es seien an verschiedenen Stellen im Gebirge solche Tunnelbohrungen im Gange. – Die folgenden Angaben halten den Stand der Arbeit für die einzelnen Projekte an bestimmten Stichtagen fest. Zeichne eine entsprechende Tabelle ins Heft und vervollständige sie aufgrund der Angaben.
Denk daran: Gib auch die Gesamtlänge jedes projektierten Tunnels an.

Projekt	Länge der Bohrung am Tunnelende I	Länge des noch fehlenden Mittelstücks	Länge der Bohrung am Tunnelende II
1	$\frac{1}{3}$ von T. = 1120 m		$\frac{1}{4}$ von T.
2	$\frac{1}{5}$ von T.		$\frac{1}{4}$ von T. = 625 m
3	$\frac{5}{12}$ von T. = 400 m		$\frac{1}{3}$ von T.
4	$\frac{1}{6}$ von T.		$\frac{2}{7}$ von T. = 336 m
5	$\frac{1}{3}$ von T. = 1790 m	$\frac{2}{5}$ von T.	
6	$\frac{1}{3}$ von T.	6425 m	$\frac{1}{4}$ von T.
7	$\frac{1}{4}$ von T.	5472 m	$\frac{3}{8}$ von T.
8	2360 m	$\frac{5}{12}$ von T.	$\frac{1}{4}$ von T.

Projekt	Länge der Bohrung am Tunnelende I	Länge des noch fehlenden Mittelstücks	Länge der Bohrung am Tunnelende II
9	$\frac{1}{3}$ von T.	4000 m	$\frac{2}{5}$ von T.
10	$\frac{3}{8}$ von T.	$\frac{1}{3}$ von T.	1190 m
11	4627 m	$\frac{3}{10}$ von T.	$\frac{7}{15}$ von T.
12	$\frac{5}{12}$ von T.	1666 m	$\frac{3}{10}$ von T.

Denk daran: Am besten lassen sich ungleichnamige Brüche miteinander vergleichen, wenn man sie gleichnamig macht.

Liste von schweizerischen Eisenbahntunnels zum Vergleich
(Siehe Schülerkarte der Schweiz.)

Tunnel Wipkingen–Oerlikon	0.959 km
Tunnel Hergiswil–Alpnachstad	1.186 km
Zimmerberg-Tunnel (Horgen–Sihlbrugg)	1.985 km
Unterer Hauenstein-Tunnel (Olten–Läufelfingen)	2.495 km
Bözberg-Tunnel (Schinznach-Dorf–Effingen)	2.526 km
Albis-Tunnel (Sihlbrugg–Baar)	3.359 km
Tunnel Solothurn–Moutier (Weissenstein)	3.7 km
Tunnel Weesen–Mühlehorn (Kerenzerberg)	3.955 km
Flughafen-Tunnel (inklusive Flughafen-Bahnhof)	4.052 km
Heitersberg-Tunnel (Killwangen–Mägenwil–Spreitenbach)	4.887 km
Albula-Tunnel (Preda–Spinas)	5.865 km
Jungfraubahn-Tunnel (Eigerwand)	7.122 km
Oberer Hauenstein-Tunnel (Ober-Tecknau–Gelterkinden)	8.134 km
Tunnel Grenchen–Moutier	8.578 km
Ricken-Tunnel (Kaltbrunn–Wattwil)	8.603 km
Lötschberg-Tunnel (Kandersteg–Goppenstein)	14.612 km
Gotthard-Tunnel (Göschenen–Airolo)	15.003 km
Furka-Basis-Tunnel (Oberwald–Realp)	15.407 km
Vereina-Tunnel (Klosters Selfranga–Sagliains)	19.042 km
Simplon II-Tunnel (Brig–Domodossola IT)	19.823 km

An der Beobachtungsstrecke Bernheim–Drommersdorf

Die Strecke Bernheim–Drommersdorf ist eine 48 km lange schnurgerade Überlandstrasse. Erlaubte Höchstgeschwindigkeit in beiden Fahrtrichtungen: 80 km/h

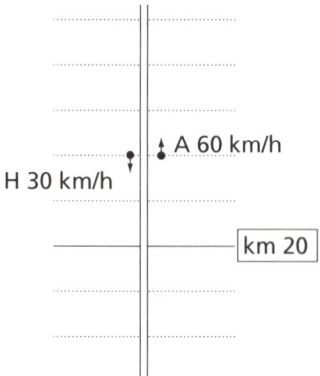

Diese Skizze bedeutet:
A befindet sich um 22.50 Uhr bei km 22 und fährt mit einer durchschnittlichen Geschwindigkeit von 60 km/h in Richtung Drommersdorf.
H fährt in der Gegenrichtung und kreuzt A in diesem Augenblick.

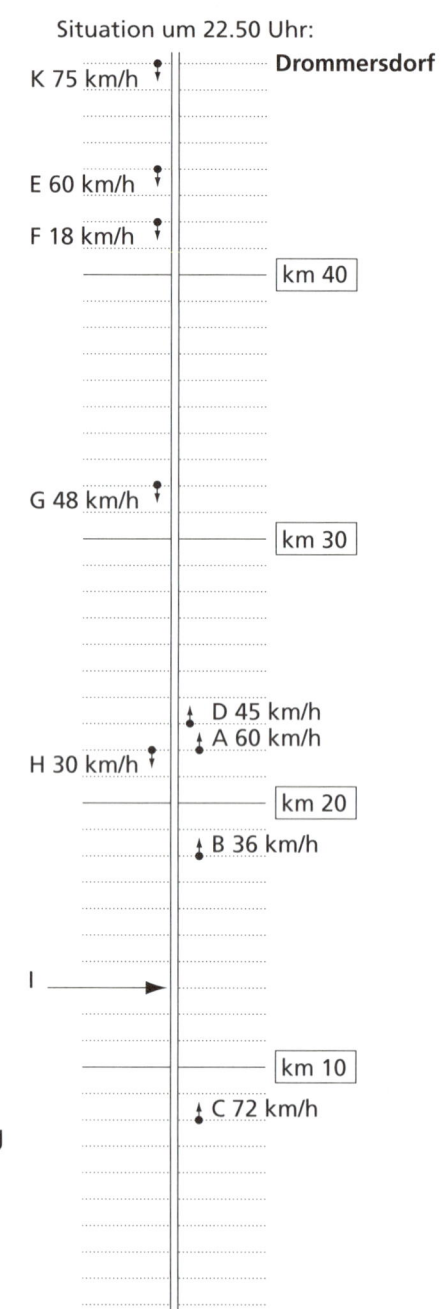

Situation um 22.50 Uhr:

K 75 km/h — Drommersdorf

E 60 km/h

F 18 km/h

km 40

G 48 km/h

km 30

D 45 km/h
A 60 km/h
H 30 km/h

km 20

B 36 km/h

I →

km 10

C 72 km/h

Bernheim — km 0

126

1. Wann wird Fahrzeug A in Drommersdorf ankommen?

2. Wann wird Fahrzeug E in Bernheim ankommen?

3. Wann und bei welchem Kilometer werden sich die Fahrzeuge A und E kreuzen?

4. Wann wird Fahrzeug B in Drommersdorf ankommen?

5. Wann wird Fahrzeug F in Bernheim ankommen?

6. Wann und bei welchem Kilometer werden sich die Fahrzeuge B und F kreuzen?

7. Wie viel Zeit wird Fahrzeug C bis Drommersdorf benötigen?

8. Wird das Fahrzeug C das Fahrzeug B noch vor Drommersdorf überholen können? Wenn ja – bei welchem Kilometer?

9. Welches der Fahrzeuge C und D wird schneller in Drommersdorf sein? – Wie gross wird sein Zeitvorsprung sein?

10. Welchen Abstand werden die Fahrzeuge G und H um 23.10 Uhr voneinander haben? – Welches hat dann «die Nase vorn»?

11. Das Fahrzeug I ist bei Kilometer 13 zum Stillstand gekommen. Punkt 22.50 Uhr startet in Drommersdorf das Fahrzeug K der Pannenhilfe. Wie lange wird der ratlose Lenker von Fahrzeug I Geduld haben müssen? Länger oder weniger lang als eine halbe Stunde? Um wie viel?

12. Wie viel Zeit wird Fahrzeug A benötigen, bis es Fahrzeug D überholt? – Bei welchem Kilometer ist das der Fall?

Geschwindigkeiten ...

... bei Tieren

1. Der Strauss erreicht eine Geschwindigkeit von 80 km/h, der Afrikanische Elefant 50% dieser Geschwindigkeit.

2. Die Giraffe läuft höchstens 50 km/h. Die Höchstgeschwindigkeit des Gepards beträgt 230% ihrer Geschwindigkeit.

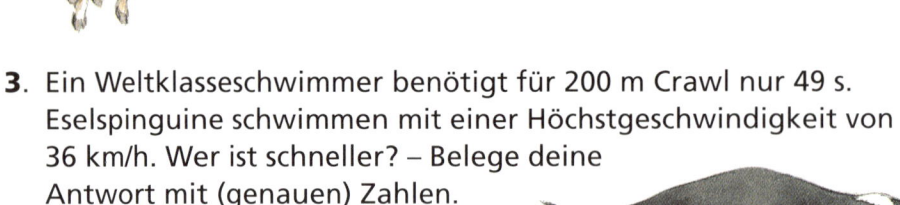

3. Ein Weltklasseschwimmer benötigt für 200 m Crawl nur 49 s. Eselspinguine schwimmen mit einer Höchstgeschwindigkeit von 36 km/h. Wer ist schneller? – Belege deine Antwort mit (genauen) Zahlen.

... im Sport

4. Welche Strecke legt ein Tennisball, der mit einer Geschwindigkeit von 180 km/h fliegt, in 1 s zurück?

5. Ein scharf getretener Fussball erreicht eine Geschwindigkeit von 120 km/h. Wie viel Zeit zur Abwehr bleibt unter diesen Umständen einem Torhüter bei einem Elfmeter-Strafstoss?

6. Ein Siebenmeter-Wurf auf das Handballtor hat eine Ballflugzeit von 28 Hundertstelsekunden. Gib die Geschwindigkeit des Balls in km/h an.

… bei Schiffen

7. Der Dampfer «Stadt Zürich» wurde 1909 in Betrieb genommen und erreicht eine Geschwindigkeit von 24 km/h. Bei der «Minerva», dem ersten Raddampfer, der von 1835 an auf dem Zürichsee fuhr, war die Geschwindigkeit noch um $\frac{1}{3}$ kleiner gewesen. Wie viele Kilometer pro Stunde legte die «Minerva» zurück?

8. Die Geschwindigkeit eines Schiffes wird oft in Knoten angegeben. 1 Knoten ist die Geschwindigkeit von 1 Seemeile pro Stunde (1 sm/h = 1.852 km/h). Die fast 300 m langen Containerschiffe, mit denen heute gewaltige Lasten befördert werden, können mit einer Geschwindigkeit von 25 Knoten fahren. Wie viele Kilometer pro Stunde sind das?

9. Der schwedische Katamaran «Stena HSS» ist eine von Düsen angetriebene Fähre. Sie bietet 1500 Passagieren, 50 Sattelschleppern und 100 Personenwagen Platz und jagt mit einer Geschwindigkeit von 75 km/h über das Meer. Welche Strecke legt sie pro Minute zurück?

Die Hütte

Fensterladen
(stimmt mit der
Fensterfläche
überein)

Unterer Boden mit Hausplatz (Plan)

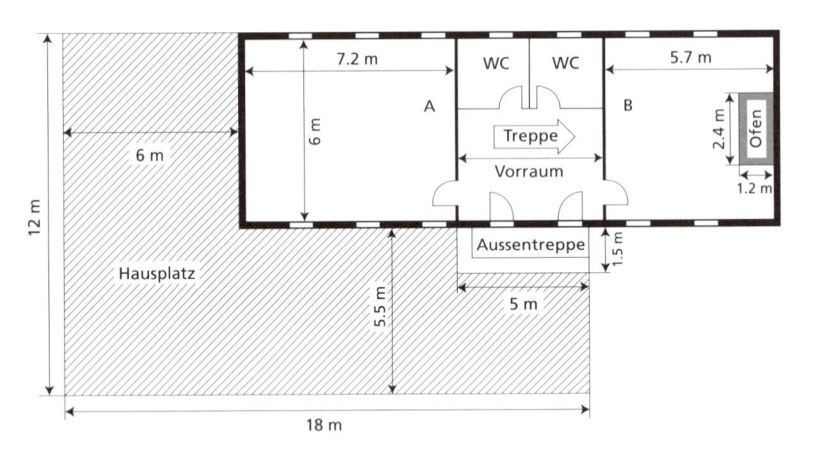

- 7.2 m
- 6 m
- A
- WC WC
- B
- 5.7 m
- 2.4 m
- Ofen
- Treppe
- Vorraum
- 1.2 m
- 6 m
- 12 m
- Hausplatz
- 5.5 m
- Aussentreppe
- 1.5 m
- 5 m
- 18 m

(Räume A, B /
Ausschnitte)
von aussen

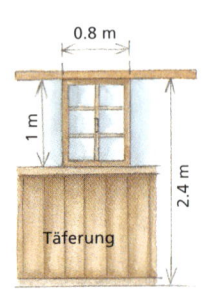

- 0.8 m
- 1 m
- 2.4 m
- Täferung

Seitenwand
von innen

Estrichboden (Plan)

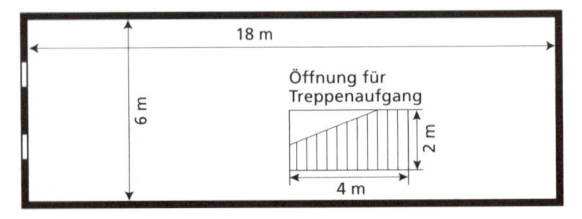

- 18 m
- 6 m
- Öffnung für Treppenaufgang
- 2 m
- 4 m

In dieser alten, noch gut erhaltenen Baracke dürfen sich die Pfadfinderinnen und Pfadfinder der Abteilung Hoch-Albansberg einrichten. Jetzt sind sie noch am Berechnen und Planen.

1. Der Hausplatz (ohne Aussentreppe) soll mit quadratischen Platten im Format 50 cm/50 cm belegt werden. Pro Platte muss man mit 5.20 Fr. rechnen. Wie viel werden alle Platten zusammen kosten?

2. Der Boden der Räume A und B (ohne Bodenplatte unter dem Ofen) soll mit quadratischen Korkplatten im Format 30 cm/30 cm belegt werden. Die Korkplatten werden nur in Paketen zu 36 Stück geliefert. Ein solches Paket kostet 180 Fr. – Wie viele Pakete müssen bestellt werden? – Wie teuer werden die Korkbeläge im Ganzen zu stehen kommen, wenn man für Klebstoff noch mit 160 Fr. rechnen muss?

3. Der Estrichboden soll mit einem Spannteppich aus Nadelfilz belegt werden. Der Teppich kostet 14 Fr. pro m^2 – Wie viele m^2 muss man bestellen? Wie teuer wird der ganze (noch unverlegte) Teppich sein?

4. Alle Läden der Fenster zu den Räumen A und B und auch die entsprechenden Türflächen (je 2 m^2 ohne Rahmen) sollen beidseits je dreimal mit grüner Kunstharzfarbe gestrichen werden. Die Farbe ist in Büchsen zu 9.50 Fr. erhältlich. Eine Büchse reicht ungefähr für den einmaligen Anstrich von 9 m^2.

   a) Wie viele m^2 müssen insgesamt gestrichen werden?

   b) Wie viele Büchsen Farbe müssen für die drei Anstriche besorgt werden?

   c) Wie teuer wird die Farbe zu stehen kommen?

5. In den Räumen A und B sollen die Fensterbänder zwischen der Täferung und dem oberen Wandabschluss je dreimal gestrichen werden. In der gleichen Art sollen auch die Innenseiten der 2.4 m hohen Trennwände gegen den Vorraum (ausgenommen die Türflächen und -rahmen von je 2.4 m^2) gestrichen werden. Die weisse Dispersionsfarbe wird in Kesseln zu 25 Fr. geliefert. Ein Kessel reicht für den einmaligen Anstrich von 32 m^2. – Man komme mit 100 Fr. für die Farbe aus, meinen die jungen Malerinnen und Maler. Prüfe nach, ob das stimmt.

Guinness Record 22.6.96

«Etwas über 10 000 Kinder, Jugendliche und eine Anzahl Erwachsene stehen dicht beieinander auf dem Berner Wankdorf-Rasen und feiern ihren Weltrekord.»
(Eidgenössisches Turnfest 1996 in Bern)

1. Ausgesteckt im Wankdorfstadion: Rechteck, eingeteilt in lauter Quadrate von 4 m² Flächeninhalt (siehe Zeichnung nebenan).

   a) Wie lang ist die Seite eines Quadrats?

   b) In wie viele Quadrate wurde das Rechteck eingeteilt?

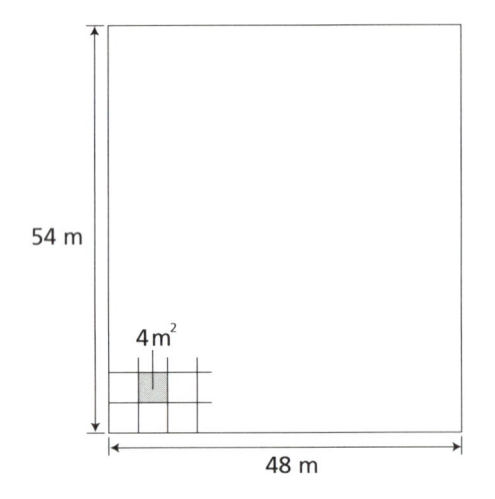

   54 m
   4 m²
   48 m

2. Auf jedem Quadrat standen 16 Personen regelmässig verteilt.

   a) Wie viele Personen standen auf dem Rechteck?

   b) Von allen Personen waren 298 Betreuer. Wie viele Jugendliche und Kinder nahmen am Weltrekord teil?

3. Wie gross war die Fläche, die jeder Person durchschnittlich zur Verfügung stand?

In einem Schulhaus gehen nur Kinder der 4. bis 6. Klasse zur Schule, im Ganzen 121 Kinder. 81 Kinder sind in einer höheren Klasse als die andern, 83 Kinder sind in einer tieferen Klasse als die andern. – Rechne.

Zum Tüfteln und Knobeln

Unvollständige Quader

Ausgangspunkt ist jedes Mal derselbe Quader (siehe Zeichnung nebenan), der aus kleinen, gleich grossen Würfeln aufgebaut worden ist. Dann hat man jeweils eine gewisse Anzahl der kleinen Würfel weggenommen.
Bestimme für jede Aufgabe die Anzahl der Würfel, die noch vorhanden sind.

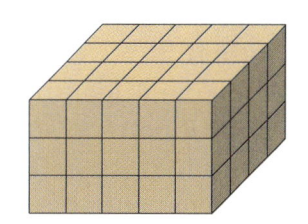

1. 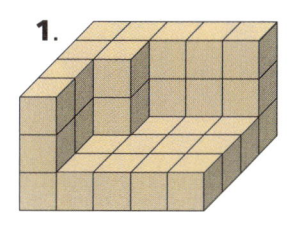
2. 
3. 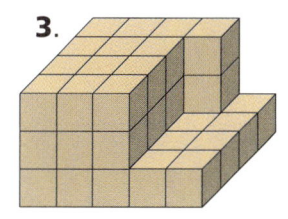
4. 
5. 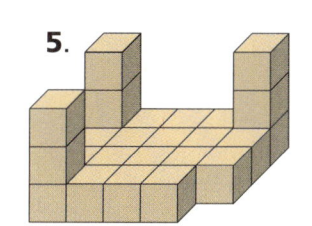
6. 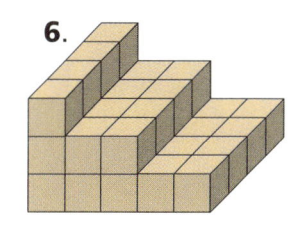
7. 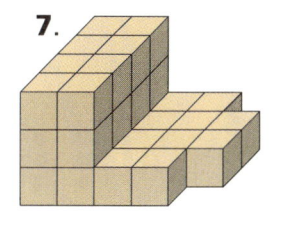
8. 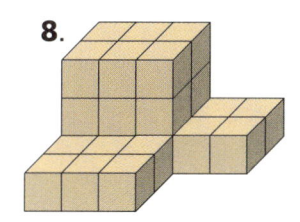
9. 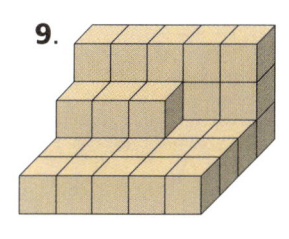
10. 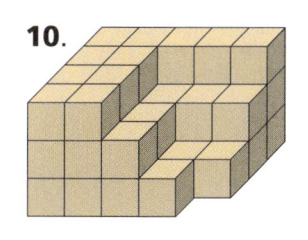
11. 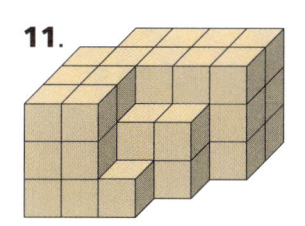
12.

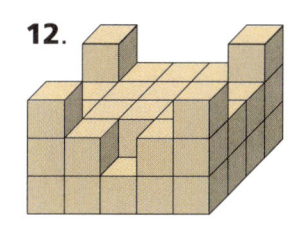

Würfelnetze

Jedes der unten stehenden Netze kann zu einem Würfel gefaltet werden.
Wenn die Augensumme von je zwei gegenüberliegenden Würfelflächen immer 7 beträgt, steht fest, wie viele Augen die Würfelflächen A, B und C in den folgenden Darstellungen jeweils aufweisen müssen.
Bestimme nun für jede der Würfelseiten A, B und C die zugehörige Augenzahl.

1000 – so oder anders verteilt

Denk dir zum Beispiel, es gehe um einen Sack mit 1000 Perlen.

a) Berechne immer, wie viele Perlen A bekäme und wie viele B.

b) Bestimme auch, wie viele Perlen möglicherweise im Sack zurückbleiben würden.

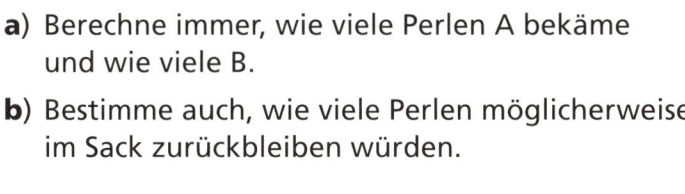

1.	1000 – davon $\frac{3}{8}$ für A, der Rest für B

2.	1000 – davon $\frac{3}{4}$ unter A und B verteilt, und zwar halb-halb

3.	1000 – davon $\frac{3}{5}$ unter A und B verteilt, und zwar $\frac{2}{3}$ für A, der Rest für B

4.	1000 – davon je $\frac{7}{20}$ für A und für B

5.	1000 – davon $\frac{11}{40}$ für A und $\frac{7}{25}$ für B

6.	1000 – davon 666 für A und halb so viel für B

7.	1000 unter A und B verteilt, und zwar für B 100 mehr

8.	1000 unter A und B verteilt, und zwar für B 50 weniger

9.	1000 unter A und B verteilt, und zwar für B 3-mal so viel wie für A

10.	1000 unter A und B verteilt, und zwar für B nur den 4. Teil von A

11.	1000 unter A und B verteilt, und zwar für A 1 mehr als doppelt so viel wie für B

12.	1000 unter A und B verteilt, und zwar für A $\frac{2}{3}$ von B

13.	1000 unter A und B verteilt, und zwar für B $\frac{3}{5}$ von A

Seitenwechsel

Gehe in allen folgenden Aufgaben immer von der gleichen Annahme aus, dass sich nämlich von einer Gruppe Personen am Anfang 30 an der Sonne und 20 im Schatten aufhalten (Anfangsstand).
Weil in der Folge einige dieser Personen die Seite wechseln, kommt es jeweils zu einem neuen Stand, hier Endstand genannt.

30
20

Darstellung in einem Diagramm:

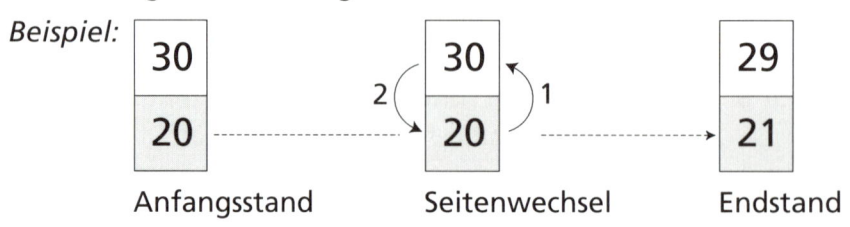

Beispiel:

| 30 | 2 | 30 | 1 | 29 |
|----| |----| |----|
| 20 | | 20 | | 21 |

Anfangsstand   Seitenwechsel   Endstand

Betrachte die folgenden Fälle und stelle deine Lösungen gemäss Beispiel in Form von Diagrammen dar.

1. Welche Endstände ergeben sich aus den dargestellten Seitenwechseln?

a) 7 (30 / 20) 7

b) 3 (30 / 20) 8

c) 20 (30 / 20) 10

d) 11 (30 / 20) 9

e) 13 (30 / 20) 18

136

2. Jeder der von A bis H beschriebenen Seitenwechsel führt zu einem der gegebenen Endstände. Notiere die einzelnen Endstände und die dazu passenden Buchstaben.

A   2 Personen wechseln an die Sonne, 1 Person in den Schatten.
B   11 Personen wechseln an die Sonne, 16 Personen in den Schatten.
C   15 Personen wechseln in den Schatten, 5 Personen an die Sonne.
D   15 Personen wechseln in den Schatten, 2 Personen an die Sonne.
E   19 Personen wechseln an die Sonne, 18 Personen in den Schatten.
F   3 Personen wechseln an die Sonne, 13 Personen in den Schatten.
G   Je 13 Personen wechseln die Seite.
H   5 Personen wechseln aus der Sonne in den Schatten.

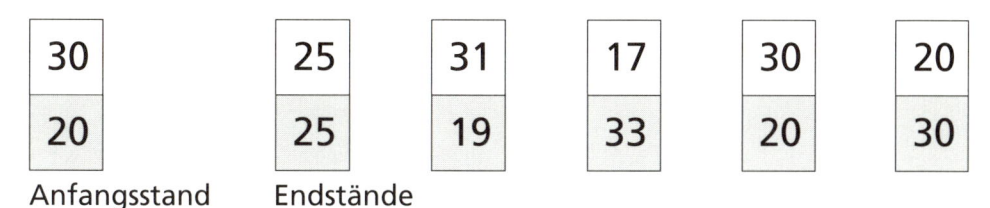

30	25	31	17	30	20
20	25	19	33	20	30

Anfangsstand   Endstände

3. Gegeben sind jeweils die Anzahl Personen, die einen Seitenwechsel vornehmen, und der entsprechende Endstand. – Bestimme, wie viele dieser Personen aus der Sonne in den Schatten und wie viele aus dem Schatten an die Sonne wechseln.

Notiere deine Lösungen zum Beispiel so:

30	→	
20		

Anfangsstand   Endstand

a) 10   **b)** 12   **c)** 20   **d)** 50   **e)** 16

30	38	34	20	28
20	12	16	30	22

Stützaufgaben

Liebe Schülerin, lieber Schüler

Auf den folgenden Seiten findest du so genannte Stützaufgaben. Die Erfahrung hat nämlich gezeigt, dass es günstig ist, wenn wir für gewisse Typen von Aufgaben des Schülerbuchs zusätzliche Übungsaufgaben anbieten.
Du kannst diese Übungsaufgaben selbstständig lösen, entweder unmittelbar anschliessend an den im Unterricht behandelten Stoff oder später, sobald du es für hilfreich hältst.
Achte in jedem Kapitel auch auf den Titelbalken. Nimm als Beispiel die nächste Seite.
☞ B 36 und B 37 bedeutet, dass die auf Seite 140 angebotenen Aufgaben zu gewissen Aufgaben auf den **B**uchseiten 36 und 37 passen.
Der Titel **Proportionalität und umgekehrte Proportionalität** sagt dir, welche Typen von Übungsaufgaben angeboten werden. Deshalb muss ein solcher Titel nicht immer mit demjenigen auf der Buchseite übereinstimmen, auf die hingewiesen wird. Der Titel auf Seite 36 heisst ja **Die entsprechenden Schlüsse ziehen**, der Titel auf Seite 37, **Die Fragen liegen in der Luft**.
Und noch etwas: Am Schluss des Stützaufgabenteils findest du die entsprechenden Lösungen. Du kannst deine Ergebnisse damit vergleichen. Wir bitten dich, allenfalls falsch gelöste Aufgaben sofort zu verbessern.

Proportionalität und umgekehrte Proportionalität ☞ B 36 und B 37

1. Eistee kann man aus Wasser und Pulver zubereiten. Man braucht 50 g Pulver pro Liter Wasser. Wie viel Eistee wird man mit 150 g Pulver zubereiten können?

2. Ein Paket Teigwaren kostet 1.50 Fr. Je 100 g kosten 0.30 Fr.
   Wie schwer sind die Teigwaren in diesem Paket?

3. Auf ihrer Velotour müssten Laura und Anna pro Tag durchschnittlich 25 km fahren, um die vorgesehene Strecke in 6 Tagen zurücklegen zu können. Wie lang ist die Wegstrecke, die sie im Durchschnitt pro Tag fahren müssen, wenn sie ihr Ziel in 5 Tagen erreichen wollen?

4. Ein Handwerker rechnet mit einem Stundenlohn von 75 Fr. Er verlangt für seine Arbeit im Ganzen 3450 Fr. Wie lange hat er gearbeitet?

5. Wenn man eine Zahl durch 56 dividiert, erhält man 576.
   Wie viel erhält man, wenn man die gleiche Zahl durch 64 dividiert.

6. Für eine Bastelarbeit hat die Lehrerin zwei gleich lange Holzleisten vorbereitet. Die eine zersägt sie in 14 Stücke zu 45 mm.
   Wie viele Stücke zu 35 mm erhält sie von der anderen Leiste?

7. Familie Keller startete um 8.30 Uhr zu ihrer Wanderung und erreichte um 12.15 Uhr das Ziel. Sie legte durchschnittlich 4.5 km/h zurück und machte Pausen von insgesamt 45 min. Wie lang war die Wanderstrecke?

8. Bei einer durchschnittlichen Wandergeschwindigkeit von 4.8 km/h braucht man für eine bestimmte Strecke 1 h 30 min. Wie gross müsste die durchschnittliche Wandergeschwindigkeit sein, wenn man die gleiche Strecke in 1 h 20 min zurücklegen wollte?

Gleichwertige Brüche

☞ A22*

Alle gegebenen Kreisflächen haben die gleiche Grösse und stellen 1 dar. Auch die Teile, in die sie unterteilt sind, sind unter sich je gleich gross.

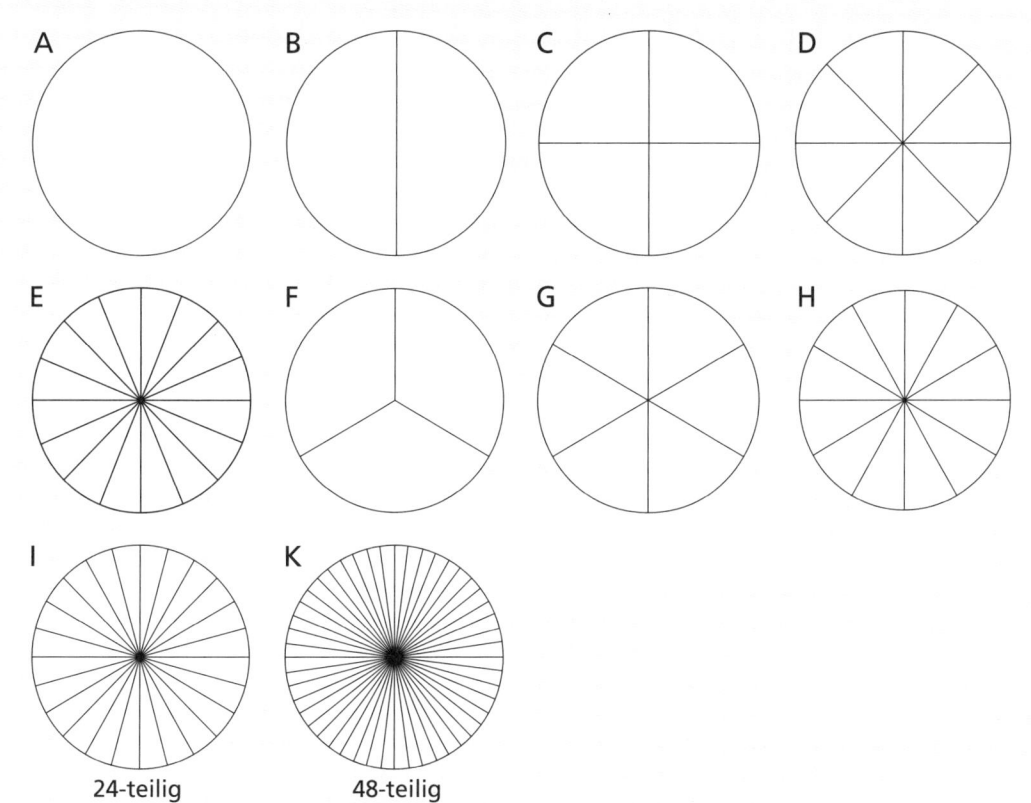

A B C D

E F G H

I K

24-teilig 48-teilig

Suche in jeweils zwei Kreisflächen möglichst alle Teilflächen, die gleichwertige Brüche darstellen. Halte die Gleichwertigkeit der Brüche mit Gleichungen fest.

Beispiel: G, H $\quad \frac{1}{6}=\frac{2}{12}, \frac{2}{6}=\frac{4}{12}, \frac{3}{6}=\frac{6}{12}, \frac{4}{6}=\frac{8}{12}, \frac{5}{6}=\frac{10}{12}, \frac{6}{6}=\frac{12}{12}$

1. a) C, H
   b) B, E
   c) G, K
   d) C, D

2. a) C, I
   b) B, K
   c) D, E
   d) F, I

3. a) D, I
   b) C, K
   c) G, I
   d) F, H

Brüche «zusammenfassen» ☞ A23*

Alle gegebenen Kreisflächen haben die gleiche Grösse und stellen 1 dar. Auch die Teile, in die sie unterteilt sind, sind unter sich je gleich gross.

a) Halte jeweils in einer Gleichung fest, welche Unterteilung von 1 dargestellt ist.

b) Halte jeweils in einer Gleichung fest, wie der durch die markierte Teilfläche dargestellte Bruch «zusammengefasst» ist.

Beispiel:

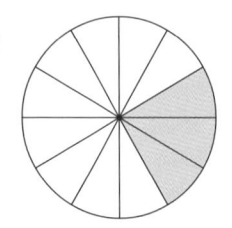

a) $1 = \frac{12}{12}$

b) $\frac{1}{4} = \frac{3}{12}$

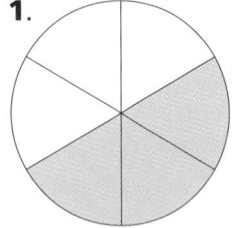

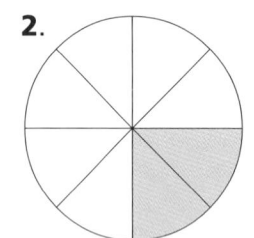

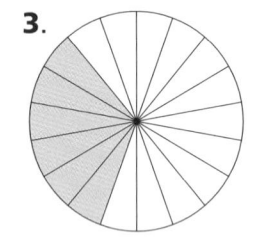

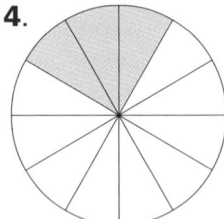

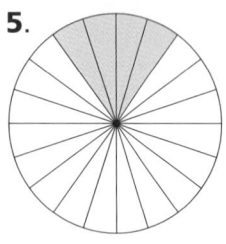

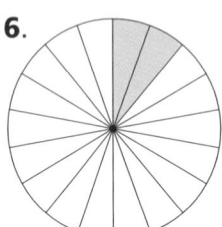

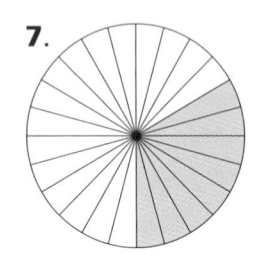

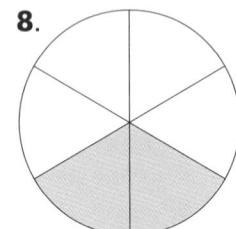

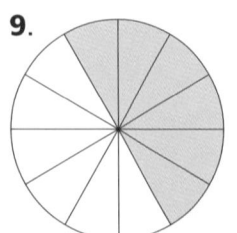

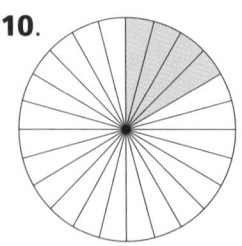

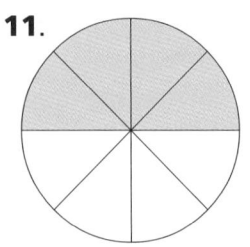

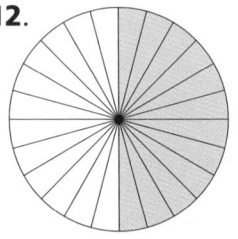

13.   14.   15.   16.

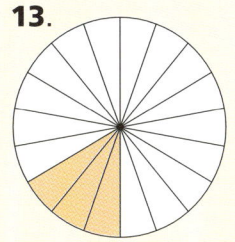

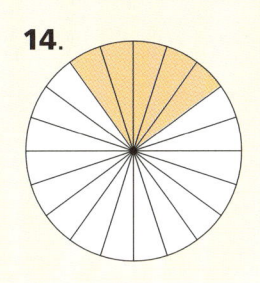

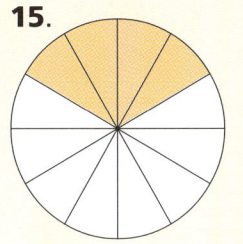

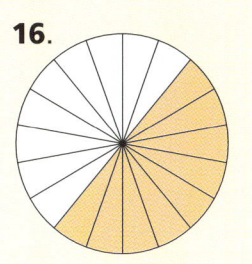

End-Ergebnisse vollständig kürzen ☞ B 44

Rechne die Terme aus und kürze sie anschliessend vollständig, wo das möglich ist.

1. a) $\frac{1}{24} + \frac{5}{24}$
   b) $1 - \frac{23}{40}$
   c) $\frac{17}{30} - \frac{11}{30}$
   d) $5 \cdot \frac{1}{20}$

2. a) $6 \cdot \frac{2}{15}$
   b) $1 - (\frac{1}{10} + \frac{3}{10})$
   c) $\frac{7}{60} + \frac{13}{60}$
   d) $\frac{24}{100} : 3$

3. a) $\frac{13}{15} - \frac{4}{15}$
   b) $\frac{23}{60} + \frac{17}{60}$
   c) $\frac{1}{20} + \frac{3}{20} + \frac{11}{20}$
   d) $\frac{25}{24} : 5$

4. a) $(5 \cdot \frac{3}{8}) - \frac{7}{8}$
   b) $\frac{54}{100} : 3$
   c) $4 \cdot (\frac{11}{20} - \frac{9}{20})$
   d) $2 \cdot \frac{4}{10}$

5. a) $(2 \cdot \frac{5}{6}) - 1$
   b) $\frac{23}{30} - (\frac{7}{30} + \frac{1}{30})$
   c) $\frac{65}{100} : 5$
   d) $2 - (3 \cdot \frac{3}{8})$

6. a) $4 \cdot \frac{3}{24}$
   b) $\frac{47}{60} - \frac{23}{60}$
   c) $(4 \cdot \frac{3}{10}) - \frac{2}{10}$
   d) $\frac{3}{20} + \frac{13}{20}$

Kleiner als – gleich – grösser als ☞ B 45

Notiere die Terme, welche miteinander verglichen werden sollen, und setze für den Platzhalter das passende der Beziehungszeichen <, =, > ein.

1. a) $\frac{1}{6}$ ◇ $\frac{1}{5}$
   b) $\frac{1}{5}$ ◇ $\frac{20}{100}$
   c) $\frac{6}{8}$ ◇ $\frac{18}{24}$
   d) $\frac{31}{60}$ ◇ $\frac{61}{120}$

2. a) $\frac{6}{10}$ ◇ $\frac{11}{20}$
   b) $\frac{3}{4}$ ◇ $\frac{15}{20}$
   c) $\frac{7}{10}$ ◇ 0.7
   d) $\frac{7}{8}$ ◇ $\frac{5}{6}$

3. a) $\frac{2}{5}$ ◇ $\frac{8}{20}$
   b) $\frac{3}{20}$ ◇ $\frac{3}{25}$
   c) $\frac{9}{10}$ ◇ $\frac{8}{9}$
   d) $\frac{1}{4}$ ◇ 0.4

4. a) $\frac{11}{20}$ ◇ $\frac{11}{24}$
   b) $\frac{7}{15}$ ◇ $\frac{7}{12}$
   c) $\frac{3}{9}$ ◇ $\frac{2}{6}$
   d) $\frac{11}{1000}$ ◇ 0.11

5. a) $\frac{30}{60}$ ◇ $\frac{4}{8}$
   b) $\frac{13}{15}$ ◇ $\frac{13}{20}$
   c) $\frac{3}{100}$ ◇ 0.003
   d) $\frac{5}{4}$ ◇ $\frac{7}{6}$

6. a) $\frac{6}{12}$ ◇ $1 - \frac{9}{20}$
   b) $1 - \frac{3}{5}$ ◇ $2 \cdot \frac{1}{5}$
   c) $\frac{9}{20} + \frac{7}{20}$ ◇ $1 - \frac{1}{5}$
   d) $7 : 8$ ◇ $3 : 4$

Kürzen ist nicht Teilen – Erweitern ist nicht Vervielfachen

☞ B 48 und B 49

Notiere im Folgenden die entsprechenden Terme und rechne sie aus.

1. a) Teile $\frac{6}{30}$ durch 6.
   b) Kürze $\frac{6}{30}$.
   c) Teile $\frac{40}{120}$ durch 8.
   d) Kürze $\frac{40}{120}$.

2. a) Kürze $\frac{64}{100}$.
   b) Teile $\frac{64}{100}$ durch 4.
   c) Teile $\frac{125}{500}$ durch 25.
   d) Kürze $\frac{125}{500}$.

3. a) Kürze $\frac{48}{200}$.
   b) Teile $\frac{48}{200}$ durch 8.
   c) Kürze $\frac{15}{60}$.
   d) Teile $\frac{15}{60}$ durch 15.

4. a) Vervielfache $\frac{1}{8}$ mit 4.
   b) Erweitere $\frac{1}{8}$ mit 4.
   c) Erweitere $\frac{3}{20}$ mit 6.
   d) Vervielfache $\frac{3}{20}$ mit 6.

5. a) Erweitere $\frac{13}{100}$ mit 5.
   b) Vervielfache $\frac{13}{100}$ mit 7.
   c) Vervielfache $\frac{9}{50}$ mit 3.
   d) Erweitere $\frac{9}{50}$ mit 6.

6. a) Vervielfache $\frac{7}{60}$ mit 7.
   b) Erweitere $\frac{7}{60}$ mit 10.
   c) Vervielfache $\frac{17}{1000}$ mit 5.
   d) Erweitere $\frac{17}{1000}$ mit 3.

Kürzen – teilen – erweitern – vervielfachen ☞ B 50

Notiere die Terme und rechne sie aus.

1. a) Kürze $\frac{6}{15}$.
   b) Teile 6 durch 8.
   c) Erweitere $\frac{7}{12}$ mit 4.
   d) Vervielfache $\frac{7}{8}$ mit 8.

2. a) Erweitere $\frac{7}{60}$ mit 3.
   b) Vervielfache $\frac{5}{12}$ mit 4.
   c) Teile $\frac{63}{100}$ durch 7.
   d) Kürze $\frac{18}{30}$.

3. a) Teile $\frac{24}{25}$ durch 8.
   b) Erweitere $\frac{1}{4}$ mit 16.
   c) Vervielfache $\frac{3}{60}$ mit 12.
   d) Kürze $\frac{45}{60}$.

4. a) Vervielfache $\frac{11}{24}$ mit 24.
   b) Teile 24 durch 40.
   c) Erweitere $\frac{13}{20}$ mit 5.
   d) Kürze $\frac{120}{168}$.

5. a) Vervielfache $\frac{1}{5}$ mit 40.
   b) Erweitere $\frac{6}{25}$ mit 40.
   c) Kürze $\frac{144}{360}$.
   d) Teile 125 durch 1000.

6. a) Teile $\frac{25}{50}$ durch 5.
   b) Kürze $\frac{875}{1000}$.
   c) Erweitere $\frac{5}{12}$ mit 12.
   d) Vervielfache $\frac{7}{100}$ mit 10.

Bruchrechnen, alle Operationen ☞ B 53

Rechne die Terme aus.
Mache vorher gleichnamig, wo es nötig ist. Kürze die Ergebnisse vollständig, wo dies möglich ist.

1. $\frac{1}{3} + \frac{1}{6}$
   $\frac{7}{10} - \frac{1}{5}$
   $\frac{1}{4} - \frac{1}{8}$
   $\frac{2}{5} + \frac{1}{15}$

2. $6 \cdot \frac{1}{8}$
   $\frac{3}{20} + \frac{1}{5}$
   $4 \cdot \frac{3}{20}$
   $1 - (\frac{1}{5} + \frac{1}{10})$

3. $\frac{3}{5} + \frac{1}{20}$
   $8 \cdot \frac{1}{16}$
   $\frac{8}{9} : 2$
   $4 : 5$

4. $1 - (\frac{3}{4} - \frac{3}{8})$
   $\frac{9}{20} : 3$
   $\frac{1}{3} + \frac{1}{4}$
   $5 \cdot \frac{2}{25}$

5. $6 \cdot \frac{1}{18}$
   $\frac{27}{25} : 9$
   $(\frac{7}{10} + \frac{1}{5}) : 3$
   $\frac{1}{6} + \frac{7}{12}$

6. $(\frac{4}{25} + \frac{2}{5}) : 7$
   $\frac{9}{16} : 3$
   $\frac{5}{6} - \frac{2}{3}$
   $\frac{1}{4} - \frac{1}{5}$

7. $15 \cdot \frac{3}{50}$

$3 \cdot (1 - \frac{7}{9})$

$\frac{1}{20} - \frac{1}{25}$

$\frac{49}{7} - 5$

8. $2 - \frac{6}{5}$

$1 + \frac{1}{5} - \frac{3}{10}$

$5 \cdot \frac{7}{100}$

$6 \cdot \frac{3}{20}$

9. $\frac{21}{50} : 7$

$(\frac{11}{60} + \frac{2}{5}) : 5$

$1 - (\frac{3}{2} - \frac{5}{6})$

$5 : 15$

10. $\frac{1}{2} + \frac{1}{3} - \frac{1}{6}$

$2 \cdot (1 + \frac{1}{4} - \frac{4}{5})$

$1 - (\frac{1}{10} + \frac{1}{4} + \frac{2}{5})$

$\frac{1}{3} + \frac{4}{5} - 1$

11. $\frac{1}{4} + \frac{2}{5} - \frac{9}{20}$

$12 : 8$

$(2 \cdot \frac{5}{8}) - 1$

$1 - (\frac{9}{8} - \frac{3}{4})$

12. $36 : 54$

$3 \cdot (\frac{1}{4} - \frac{1}{20})$

$1 - (\frac{1}{2} + \frac{1}{3} - \frac{5}{12})$

$144 : 180$

Textaufgaben zum Bruchrechnen

☞ B 55 und B 56

1. Welchen Bruch kann man schreiben für das Doppelte des Doppelten von $\frac{1}{8}$?

2. Verdoppelt man einen bestimmten Bruch, bekommt man $\frac{1}{3}$ mehr als 1. Um welchen Bruch handelt es sich?

3. Halbiert man einen bestimmten Bruch, bekommt man den zehnten Teil von 1. Was bekäme man, wenn man ihn verdoppeln würde?

4. Mit welcher Zahl muss man das Doppelte von $\frac{1}{16}$ multiplizieren, um 1 zu bekommen?

5. Wie kann man einen Viertel eines Viertels auch noch nennen?

6. Achtmal $\frac{1}{8}$ ist gleich viel wie fünfmal der gesuchte Bruch. Wie heisst dieser?

7. Wenn man vom gesuchten Bruch die Hälfte davon subtrahiert, bekommt man $\frac{3}{8}$. Wie heisst der gesuchte Bruch?

8. Addiert man zwei bestimmte Brüche, bekommt man 1. Wenn man die beiden Brüche voneinander subtrahiert, bekommt man $\frac{1}{7}$. Wie heissen die beiden Brüche?

9. $\frac{3}{5}$ einer Zahl ist 60. Wie heisst die Zahl?

10. Wenn man von einer bestimmten Zahl die Hälfte davon subtrahiert, erhält man 48. Wie heisst die Zahl?

11. $\frac{1}{6}$ einer Zahl ist 24. Wie gross ist $\frac{1}{8}$ dieser Zahl?

12. Wenn man zu einer bestimmten Zahl $\frac{2}{5}$ davon addiert, bekommt man 35. Wie heisst die Zahl?

13. Die Summe der Hälfte und eines Viertels der gesuchten Zahl beträgt 12. Wie heisst die Zahl?

14. Der Unterschied zwischen einem Drittel und einem Viertel der gesuchten Zahl beträgt 2. Wie heisst die Zahl?

15. $\frac{1}{2}$ einer Zahl ist um 6 grösser als $\frac{1}{3}$ derselben Zahl. Wie heisst die Zahl?

16. $\frac{1}{8}$ von 120 ist gleich gross wie $\frac{1}{5}$ der gesuchten Zahl. Wie heisst diese?

17. Christine und Martin besitzen gleich viele Tierbilder. Christine schenkt nun $\frac{1}{4}$ ihrer Bilder Martin. Jetzt hat Martin 10 Bilder mehr. Wie viele Bilder besitzt nun jedes der Kinder?

18. Urs und Vera haben gleich viele Taschenbücher. Vera erhält von Urs $\frac{1}{6}$ seiner Taschenbücher. Jetzt hat Urs 4 Taschenbücher weniger. Wie viele Taschenbücher besitzt nun jedes der Kinder?

Addieren und subtrahieren

☞ B 61

Gegeben sind die folgenden Zahlen:

	49 876		30 452	
20 308				30 016
		29 734		
	5 359			9 501
18 170			17 898	

Bilde entsprechende Terme und rechne sie aus.

1. Addiere die zweitkleinste Zahl zur grössten Zahl.

2. Addiere die drittkleinste Zahl zur zweitgrössten Zahl.

3. Subtrahiere die kleinste Zahl von der drittgrössten Zahl.

4. Subtrahiere die viertkleinste Zahl von der viertgrössten Zahl.

5. Addiere die grösste Zahl zur Summe der kleinsten zwei Zahlen.

6. Subtrahiere den Unterschied der grössten zwei Zahlen von der Summe der kleinsten drei Zahlen.

7. Addiere die beiden Zahlen, deren Summe der Zahl 40 000 am nächsten kommt.

8. Addiere die beiden Zahlen, deren Summe der Zahl 60 000 am nächsten kommt.

9. Bestimme die zwei Zahlen, welche den grössten Unterschied ergeben.

10. Bestimme die zwei Zahlen, welche den kleinsten Unterschied ergeben.

Verschiedene Wege führen zum Ziel ☞ B 67

Rechne die Terme aus.

1. 3 · 0.6
   5 · 0.03
   2 · 0.005
   8 · 0.9

2. 6 · 0.007
   9 · 0.4
   4 · 0.008
   7 · 0.02

3. 10 · 0.03
   80 · 0.007
   30 · 0.004
   70 · 0.3

4. 60 · 0.04
   90 · 0.002
   50 · 0.8
   20 · 0.03

5. 100 · 0.009
   500 · 0.002
   800 · 0.4
   900 · 0.9

6. 200 · 0.009
   600 · 0.08
   400 · 0.007
   300 · 0.8

7. 700 · 0.08
   200 · 0.6
   400 · 0.003
   900 · 0.07

8. 500 · 0.04
   300 · 0.03
   600 · 0.5
   800 · 0.002

9. 700 · 0.06
   900 · 0.008
   400 · 0.9
   500 · 0.005

10. 600 · 0.002
    800 · 0.5
    200 · 0.08
    300 · 0.009

11. 600 · 0.003
    20 · 0.7
    50 · 0.6
    900 · 0.05

12. 40 · 0.006
    800 · 0.03
    300 · 0.7
    70 · 0.4

Dieselben Zahlen – verschiedene Rechnungen ☞ B 81

Zur Auswahl stehen die folgenden Zahlen:

58   0.864   7.2
   49.65   66.42   34.56

1. Rechne die Summe aller Zahlen aus und ermittle die Abweichung von 300.

2. Multipliziere die kleinste Zahl mit der zweitgrössten Zahl und dividiere das Ergebnis durch 29.

3. Addiere das Vierfache der drittgrössten Zahl zum 9. Teil der drittkleinsten Zahl.

4. Dividiere die grösste Zahl durch das Fünffache der zweitkleinsten Zahl.

5. Addiere das Doppelte der grössten Zahl zur Hälfte der kleinsten Zahl.

6. Subtrahiere die drittkleinste Zahl von der zweitgrössten Zahl.

7. Von welcher Zahl ist das Vierfache kleiner als 232, aber grösser als 140?

8. Multipliziere den 6. Teil der kleinsten Zahl mit dem Dreifachen der zweitgrössten Zahl.

9. Eine Zahl ist der 40. Teil einer andern Zahl. – Welche?

10. Welche beiden Zahlen weisen den kleinsten Unterschied auf?

Runden ☞ B 83 und B 84

Runde die folgenden Zahlen.

1. a) 4.5835 t   auf kg genau   e) 0.597 m   auf cm genau
   b) 16.38 cm   auf mm genau   f) 2.905 hl   auf l genau
   c) 0.0984 kg   auf g genau   g) 3.99 l   auf dl genau
   d) 3.0499 km   auf m genau   h) 13.04 cm   auf mm genau

   i) 1.2805 kg   auf g genau   n) 29.995 m   auf cm genau
   k) 0.006 m   auf cm genau   o) 3.882 l   auf cl genau
   l) 9.9454 l   auf ml genau   p) 20.95 l   auf dl genau
   m) 0.77 m   auf dm genau   q) 201.788 Fr. auf 5 Rp. genau

Rechne die Terme so weit wie nötig aus und runde die Ergebnisse:

2. 128.038 t : 71   auf kg genau
3. 43.5 cm : 90   auf mm genau
4. 50.182 kg : 36   auf g genau
5. 25.968 km : 64   auf m genau

6. 230.93 m : 14   auf cm genau
7. 66.24 hl : 45   auf l genau
8. 749.1 l : 15   auf dl genau
9. 2.03 l : 58   auf cl genau

10. 497.5 m : 50   auf dm genau
11. 0.978 l : 12   auf ml genau
12. 201.343 km : 48   auf m genau
13. 1946.10 Fr. : 65   auf 5 Rp. genau

Vom Bruch zur Dezimalzahl – von der Dezimalzahl zum Bruch
☞ B 86

Schreibe die Brüche als Dezimalzahlen.

1. $\frac{1}{4}$ 2. $\frac{3}{8}$ 3. $\frac{7}{40}$ 4. $\frac{4}{5}$

$\frac{3}{5}$ $\frac{6}{5}$ $\frac{19}{20}$ $\frac{9}{50}$

$\frac{13}{40}$ $\frac{1}{50}$ $\frac{9}{200}$ $\frac{17}{20}$

$\frac{11}{20}$ $\frac{4}{25}$ $\frac{39}{500}$ $\frac{19}{8}$

5. $\frac{23}{20}$ 6. $\frac{3}{500}$ 7. $\frac{13}{200}$ 8. $\frac{7}{4}$

$\frac{47}{200}$ $\frac{33}{40}$ $\frac{15}{4}$ $\frac{3}{200}$

$\frac{63}{50}$ $\frac{11}{50}$ $\frac{101}{50}$ $\frac{7}{250}$

$\frac{7}{8}$ $\frac{19}{25}$ $\frac{9}{8}$ $\frac{73}{25}$

Schreibe die Dezimalzahlen als Dezimalbrüche. Kürze sie dann vollständig.

9. 0.35	**10.** 0.75	**11.** 0.225	**12.** 0.14
0.4	0.05	0.055	0.002
0.125	0.018	0.035	0.075
2.6	0.625	0.9	1.06
13. 0.32	**14.** 4.5	**15.** 0.98	**16.** 2.05
0.2	0.525	0.04	0.024
0.004	0.013	0.66	1.25
3.5	1.05	1.4	0.96

Nicht abbrechende Dezimalzahlen   ☞ B 87

Schreibe die folgenden Brüche als Quotienten und rechne sie aus. Bei den nicht abbrechenden Dezimalzahlen setzt du nach der 4. Dezimalen drei Punkte.

1. a) $\frac{5}{8}$ d) $\frac{7}{12}$ g) $\frac{3}{40}$ k) $\frac{31}{60}$

b) $\frac{1}{3}$ e) $\frac{1}{6}$ h) $\frac{17}{30}$ l) $\frac{9}{16}$

c) $\frac{5}{9}$ f) $\frac{7}{90}$ i) $\frac{47}{80}$ m) $\frac{11}{36}$

2. Verwende die nicht abbrechenden Dezimalzahlen aus Aufgabe 1 und runde sie auf 3 Dezimalen, auf 2 Dezimalen und auf 1 Dezimale genau.

Beispiel: 0.6666...
   0.667   (auf 3 Dezimalen genau)
   0.67   (auf 2 Dezimalen genau)
   0.7   (auf 1 Dezimale genau)

Textaufgaben

☞ B 89 und B 90

1. Ein dreizeiliges Kleininserat in einer Zeitung kostet 73.50 Fr. Wie viel wird ein solches Inserat kosten, wenn dafür fünf Zeilen benötigt werden?

2. Kartoffeln werden in 270 Tragtaschen zu 2.5 kg abgefüllt. Wie viele Taschen ergäbe die gleiche Menge Kartoffeln, wenn man 3 kg pro Tragtasche abfüllen würde?

3. Ein Maler stellt für seine Arbeitsstunden eine Rechnung von 4897 Fr. aus. Wie lange hat er gearbeitet, wenn er 59 Fr./h verlangt?

4. Im Rahmen einer Aktion wird der Preis von Mineralwasser von 7.80 Fr./Harass um 2.40 Fr./Harass herabgesetzt. Wie viele Harasse kann man jetzt für den Geldbetrag kaufen, den man vorher für 9 Harasse bezahlen musste?

5. Auf einem Plan im Massstab 1:250 misst die Länge eines Grundstücks 11.2 cm. Wie lang wäre dieses Grundstück auf einem Plan im Massstab 1:100?

6. Würde Tobias auf seinem Velo ein Rennfahrertempo von 42 km/h anschlagen, könnte er sein Ziel in 1 h 30 min erreichen. Er zieht es aber vor, gemütlicher zu fahren, und braucht 3 h 30 min. Wie viele Kilometer pro Stunde fährt er durchschnittlich?

7. Die Firma Wanner lieferte Herrn Wyss 2000 l Heizöl. Der Preis betrug 23.85 Fr. pro 100 l. Wie viel musste Herr Wyss für das Öl bezahlen?

8. Ein Wanderer legt durchschnittlich 4.8 km/h zurück. Wie lange braucht er für eine Strecke von 11.2 km, wenn er dieses Durchschnittstempo halten kann?

9. Zur Zubereitung von Kaffee braucht man für kleinere Tassen (1 dl) 1.5 g Pulver/Tasse, für grössere Tassen (1.5 dl) 2.2 g Pulver/Tasse. Wie viele grössere Tassen Kaffee könnte man mit dem Pulver zubereiten, das für 220 kleinere Tassen reicht?

10. Für einen Boden wird ein neuer Holzsockel geliefert. Er misst im Ganzen 26 m und kostet 17.50 Fr./m. Wie teuer ist dieser Holzsockel?

11. Die Mutter frankiert die Einladungsbriefe für das Familienfest mit 90-Rp.-Marken statt, wie ursprünglich vorgesehen, mit 70-Rp.-Marken. Deshalb kostet der Versand im Ganzen 6.40 Fr. mehr. Wie viele Briefe sind es?

12. Es ist vorgesehen, den Weg vor dem Haus mit zwei Reihen quadratischer Platten zu belegen. Die Platten können entweder eine Seitenlänge von 40 cm oder von 50 cm haben. Von den 40-cm-Platten würde man 40 Stück benötigen. Wie viele 50-cm-Platten würde es folglich brauchen?

Flächenmasse umformen ☞ A 52*

Schreibe

1. in cm^2:

1000 mm^2
970 mm^2
2065 mm^2
40 800 mm^2

2. in mm^2:

7 cm^2
343 cm^2
0.8 cm^2
16.2 cm^2

3. in dm^2:

3000 cm^2
405 cm^2
54 cm^2
40 002 cm^2

4. in cm^2:

23 dm^2
590 dm^2
2.6 dm^2
40.05 dm^2

5. in m^2:

730 dm^2
20 060 dm^2
401 dm^2
9300 dm^2

6. in dm^2:

8 m^2
0.1 m^2
3.06 m^2
40.5 m^2

7. in m^2:

100 000 cm^2
35 000 cm^2
7000 cm^2
10 030 cm^2

8. in cm^2:

4 m^2
0.03 m^2
0.0062 m^2
0.87 m^2

9. in a:

2600 m^2
4 m^2
10 500 m^2
4218 m^2

10. in m^2:

0.06 a
39 a
9.8 a
50.07 a

11. in km^2:

6 ha
304 ha
19 000 ha
6010 ha

12. in ha:

3.2 km^2
20.7 km^2
43 km^2
100.9 km^2

Seitenlängen, Umfang und Flächeninhalt von Rechteck und Quadrat

☞ A 54*

Bestimme mit Hilfe der gegebenen Grössen die gesuchten.

1. Rechteck, gegeben: Länge: 13 cm, Breite: 9 cm
   gesucht: **a)** Umfang   **b)** Flächeninhalt

2. Rechteck, gegeben: Länge: 16 cm, Breite: 11 cm
   gesucht: **a)** Umfang   **b)** Flächeninhalt

3. Rechteck, gegeben: Länge: 17 cm, Umfang: 54 cm
   gesucht: **a)** Breite   **b)** Flächeninhalt

4. Quadrat, gegeben: Seitenlänge: 15 cm
   gesucht: **a)** Umfang   **b)** Flächeninhalt

5. Quadrat, gegeben: Umfang: 64 cm
   gesucht: **a)** Seitenlänge   **b)** Flächeninhalt

6. Rechteck, gegeben: Länge: 16 cm, Flächeninhalt: 144 cm^2
   gesucht: **a)** Breite   **b)** Umfang

7. Rechteck, gegeben: Länge: 19 cm, Breite: 15 cm
   gesucht: **a)** Umfang   **b)** Flächeninhalt

8. Rechteck, gegeben: Breite: 11 cm, Umfang: 60 cm
   gesucht: **a)** Länge   **b)** Flächeninhalt

9. Quadrat, gegeben: Umfang: 36 cm
   gesucht: **a)** Seitenlänge   **b)** Flächeninhalt

10. Rechteck, gegeben: Breite: 12 cm, Flächeninhalt: 168 cm^2
    gesucht: **a)** Länge   **b)** Umfang

11. Quadrat, gegeben: Flächeninhalt: 36 cm^2
    gesucht: **a)** Seitenlänge   **b)** Umfang

12. Quadrat, gegeben: Flächeninhalt: 64 cm^2
    gesucht: **a)** Seitenlänge   **b)** Umfang

Seitenlängen, Umfang und Flächeninhalt des Rechtecks ☞ B 107 und B 108

1. Ein Rechteck ist 10 cm lang und 6 cm breit.
   In einem zweiten Rechteck sind die Längsseite und die Breitseite je doppelt so gross.

   Bestimme vom zweiten Rechteck
   a) die Grösse der Seiten.
   b) den Umfang.
   c) den Flächeninhalt.

2. Ein Rechteck ist 8 cm lang und 6 cm breit.
   Nun verlängert man die Längsseite und die Breitseite um je 3 cm.

   Bestimme vom veränderten Rechteck
   a) die Seitenlängen.
   b) den Umfang.
   c) den Flächeninhalt.

3. Ein Rechteck ist 16 cm lang und 12 cm breit.
   In einem zweiten Rechteck sind die Längsseite und die Breitseite um je $\frac{1}{4}$ kürzer.

   Bestimme vom zweiten Rechteck
   a) die Grösse der Seiten.
   b) den Umfang.
   c) den Flächeninhalt.

4. Ein Rechteck ist 5 cm lang und 4 cm breit.
   Nun verdoppelt man die Längsseite und halbiert die Breitseite.

   Bestimme vom veränderten Rechteck
   a) die Seitenlängen.
   b) den Umfang.
   c) den Flächeninhalt.

5. Ein Rechteck, das 9 cm lang ist, hat einen Umfang von 32 cm.

   Bestimme von diesem Rechteck
   a) die Grösse der Breitseite.
   b) den Flächeninhalt.

6. Ein Rechteck, das 5 cm breit ist, hat einen Flächeninhalt von 35 cm².

Bestimme von diesem Rechteck
a) die Grösse der Längsseite.
b) den Umfang.

7. Ein Rechteck ist 9 cm lang und 6 cm breit.
In einem zweiten Rechteck sind der Umfang und die Längsseite je doppelt so gross.

Bestimme vom zweiten Rechteck
a) den Umfang.
b) die Grösse der Seiten.
c) den Flächeninhalt.

8. Ein Rechteck ist 10 cm lang und 8 cm breit.
In einem zweiten Rechteck mit dem gleichen Flächeninhalt ist die Längsseite um 6 cm grösser.

Bestimme vom zweiten Rechteck
a) den Flächeninhalt.
b) die Seitenlängen.
c) den Umfang.

Prozentrechnen ☞ B 116

Rechne die Terme aus.

1. 1% von 800 Fr.
1% von 60 000 km
1% von 7000 hl
1% von 1 000 000 Einwohnern

2. 3% von 1600 Fr.
9% von 1 m
7% von 300 000 Bäumen
4% von 7 t

3. 8% von 75 000 Fr.
10% von 72 000 Passagieren
15% von 900 m²
11% von 2600 hl

4. 13% von 6000 km
50% von 390 Kindern
20% von 20 min
60% von 350 m²

5. 30% von 2 h
   40% von 15 cm
   25% von 700 Fässern
   75% von 20 000 l

6. 80% von 5 l
   13% von 300 Kisten
   70% von 6 dm^2
   99% von 10 000 t

7. 90% von 40 m
   19% von 2 kg
   2% von 810 000 Fr.
   21% von 4100 hl

8. 51% von 8 m
   12% von 9000 Motorfahrzeugen
   95% von 70 000 km
   33% von 700 t

9. 16% von 6 m
   5% von 380 Hotelgästen
   98% von 4000 hl
   52% von 2200 Fr.

10. 49% von 20 000 t
    14% von 3 l
    6% von 550 km^2
    55% von 6200 Personen

Mehr als 1 Ganzes   ☞ B 117

Rechne die Terme aus. – Wähle dabei denjenigen Weg, der dir am geeignetsten scheint.

1. 200% von 12 h
2. 150% von 600 t
3. 140% von 12 500 Billetten
4. 110% von 340 000 Fr.

5. 220% von 700 kg
6. 600% von 12 000 Fahrzeugen
7. 125% von 80 km/h
8. 350% von 900 m^2

9. 175% von 400 m
10. 250% von 6700 Besuchern
11. 500% von 38 000 t
12. 180% von 840 hl

13. 190% von 5 kg
14. 240% von 378 000 Einwohnern
15. 375% von 640 km
16. 750% von 3200 t

Lösungen zu den Stützaufgaben

Proportionalität und umgekehrte Proportionalität (Seite 140)

1. **3 l** Eistee
2. **500 g**
3. **30 km**
4. **46 h**
5. **504**
6. **18** Stücke
7. **13.5 km**
8. **5.4 km/h**

Gleichwertige Brüche (Seite 141)

1. a) $\frac{1}{4} = \frac{3}{12}, \frac{2}{4} = \frac{6}{12}, \frac{3}{4} = \frac{9}{12}, \frac{4}{4} = \frac{12}{12}$

   b) $\frac{1}{2} = \frac{8}{16}, \frac{2}{2} = \frac{16}{16}$

   c) $\frac{1}{6} = \frac{8}{48}, \frac{2}{6} = \frac{16}{48}, \frac{3}{6} = \frac{24}{48}, \frac{4}{6} = \frac{32}{48}, \frac{5}{6} = \frac{40}{48}, \frac{6}{6} = \frac{48}{48}$

   d) $\frac{1}{4} = \frac{2}{8}, \frac{2}{4} = \frac{4}{8}, \frac{3}{4} = \frac{6}{8}, \frac{4}{4} = \frac{8}{8}$

2. a) $\frac{1}{4} = \frac{6}{24}, \frac{2}{4} = \frac{12}{24}, \frac{3}{4} = \frac{18}{24}, \frac{4}{4} = \frac{24}{24}$

   b) $\frac{1}{2} = \frac{24}{48}, \frac{2}{2} = \frac{48}{48}$

   c) $\frac{1}{8} = \frac{2}{16}, \frac{2}{8} = \frac{4}{16}, \frac{3}{8} = \frac{6}{16}, \frac{4}{8} = \frac{8}{16}, \frac{5}{8} = \frac{10}{16}, \frac{6}{8} = \frac{12}{16}, \frac{7}{8} = \frac{14}{16}, \frac{8}{8} = \frac{16}{16}$

   d) $\frac{1}{3} = \frac{8}{24}, \frac{2}{3} = \frac{16}{24}, \frac{3}{3} = \frac{24}{24}$

3. a) $\frac{1}{8} = \frac{3}{24}, \frac{2}{8} = \frac{6}{24}, \frac{3}{8} = \frac{9}{24}, \frac{4}{8} = \frac{12}{24}, \frac{5}{8} = \frac{15}{24}, \frac{6}{8} = \frac{18}{24}, \frac{7}{8} = \frac{21}{24}, \frac{8}{8} = \frac{24}{24}$

   b) $\frac{1}{4} = \frac{12}{48}, \frac{2}{4} = \frac{24}{48}, \frac{3}{4} = \frac{36}{48}, \frac{4}{4} = \frac{48}{48}$

   c) $\frac{1}{6} = \frac{4}{24}, \frac{2}{6} = \frac{8}{24}, \frac{3}{6} = \frac{12}{24}, \frac{4}{6} = \frac{16}{24}, \frac{5}{6} = \frac{20}{24}, \frac{6}{6} = \frac{24}{24}$

   d) $\frac{1}{3} = \frac{4}{12}, \frac{2}{3} = \frac{8}{12}, \frac{3}{3} = \frac{12}{12}$

Brüche «zusammenfassen» (Seiten 142 und 143)

1. a) $1 = \frac{6}{6}$
   b) $\frac{1}{2} = \frac{3}{6}$

2. a) $1 = \frac{8}{8}$
   b) $\frac{1}{4} = \frac{2}{8}$

3. a) $1 = \frac{18}{18}$
   b) $\frac{1}{3} = \frac{6}{18}$

4. a) $1 = \frac{12}{12}$
   b) $\frac{1}{4} = \frac{3}{12}$

5. a) $1 = \frac{20}{20}$
   b) $\frac{1}{5} = \frac{4}{20}$

6. a) $1 = \frac{18}{18}$
   b) $\frac{1}{9} = \frac{2}{18}$

7. a) $1 = \frac{24}{24}$
   b) $\frac{1}{3} = \frac{8}{24}$

8. a) $1 = \frac{6}{6}$
   b) $\frac{1}{3} = \frac{2}{6}$

9. a) $1 = \frac{12}{12}$
   b) $\frac{1}{2} = \frac{6}{12}$

10. a) $1 = \frac{24}{24}$
    b) $\frac{1}{6} = \frac{4}{24}$

11. a) $1 = \frac{8}{8}$
    b) $\frac{1}{2} = \frac{4}{8}$

12. a) $1 = \frac{24}{24}$
    b) $\frac{1}{2} = \frac{12}{24}$

13. a) $1 = \frac{18}{18}$
    b) $\frac{1}{6} = \frac{3}{18}$

14. a) $1 = \frac{20}{20}$
    b) $\frac{1}{4} = \frac{5}{20}$

15. a) $1 = \frac{12}{12}$
    b) $\frac{1}{3} = \frac{4}{12}$

16. a) $1 = \frac{18}{18}$
    b) $\frac{1}{2} = \frac{9}{18}$

End-Ergebnisse vollständig kürzen (Seite 143)

1. a) $\frac{1}{4}$
   b) $\frac{17}{40}$
   c) $\frac{1}{5}$
   d) $\frac{1}{4}$

2. a) $\frac{4}{5}$
   b) $\frac{3}{5}$
   c) $\frac{1}{3}$
   d) $\frac{2}{25}$

3. a) $\frac{3}{5}$
   b) $\frac{2}{3}$
   c) $\frac{3}{4}$
   d) $\frac{5}{24}$

4. a) 1
   b) $\frac{9}{50}$
   c) $\frac{2}{5}$
   d) $\frac{4}{5}$

5. a) $\frac{2}{3}$
   b) $\frac{1}{2}$
   c) $\frac{13}{100}$
   d) $\frac{7}{8}$

6. a) $\frac{1}{2}$
   b) $\frac{2}{5}$
   c) 1
   d) $\frac{4}{5}$

Kleiner als – gleich – grösser als (Seiten 143 und 144)

1. a) $\frac{1}{6} < \frac{1}{5}$
   b) $\frac{1}{5} = \frac{20}{100}$
   c) $\frac{6}{8} = \frac{18}{24}$
   d) $\frac{31}{60} > \frac{61}{120}$

2. a) $\frac{6}{10} > \frac{11}{20}$
   b) $\frac{3}{4} = \frac{15}{20}$
   c) $\frac{7}{10} = 0.7$
   d) $\frac{7}{8} > \frac{5}{6}$

3. a) $\frac{2}{5} = \frac{8}{20}$
   b) $\frac{3}{20} > \frac{3}{25}$
   c) $\frac{9}{10} > \frac{8}{9}$
   d) $\frac{1}{4} < 0.4$

4. a) $\frac{11}{20} > \frac{11}{24}$
   b) $\frac{7}{15} < \frac{7}{12}$
   c) $\frac{3}{9} = \frac{2}{6}$
   d) $\frac{11}{1000} < 0.11$

5. a) $\frac{30}{60} = \frac{4}{8}$
   b) $\frac{13}{15} > \frac{13}{20}$
   c) $\frac{3}{100} > 0.003$
   d) $\frac{5}{4} > \frac{7}{6}$

6. a) $\frac{1}{2} < \frac{11}{20}$
   b) $\frac{2}{5} = \frac{2}{5}$
   c) $\frac{4}{5} = \frac{4}{5}$
   d) $\frac{7}{8} > \frac{3}{4}$

Kürzen ist nicht Teilen – Erweitern ist nicht Vervielfachen (Seite 144)

1. a) $\frac{1}{30}$
   b) $\frac{1}{5}$
   c) $\frac{5}{120} = \frac{1}{24}$
   d) $\frac{1}{3}$

2. a) $\frac{16}{25}$
   b) $\frac{16}{100} = \frac{4}{25}$
   c) $\frac{5}{500} = \frac{1}{100}$
   d) $\frac{1}{4}$

3. a) $\frac{6}{25}$
   b) $\frac{6}{200} = \frac{3}{100}$
   c) $\frac{1}{4}$
   d) $\frac{1}{60}$

4. a) $\frac{4}{8} = \frac{1}{2}$
   b) $\frac{4}{32}$
   c) $\frac{18}{120}$
   d) $\frac{18}{20} = \frac{9}{10}$

5. a) $\frac{65}{500}$
   b) $\frac{91}{100}$
   c) $\frac{27}{50}$
   d) $\frac{54}{300}$

6. a) $\frac{49}{60}$
   b) $\frac{70}{600}$
   c) $\frac{85}{1000} = \frac{17}{200}$
   d) $\frac{51}{3000}$

Kürzen – teilen – erweitern – vervielfachen (Seite 145)

1. a) $\frac{2}{5}$
   b) $\frac{6}{8} = \frac{3}{4}$
   c) $\frac{28}{48}$
   d) 7

2. a) $\frac{21}{180}$
   b) $\frac{20}{12} = \frac{5}{3}$
   c) $\frac{9}{100}$
   d) $\frac{3}{5}$

3. a) $\frac{3}{25}$
   b) $\frac{16}{64}$
   c) $\frac{36}{60} = \frac{3}{5}$
   d) $\frac{3}{4}$

4. a) 11
   b) $\frac{24}{40} = \frac{3}{5}$
   c) $\frac{65}{100}$
   d) $\frac{5}{7}$

5. a) 8
   b) $\frac{240}{1000}$
   c) $\frac{2}{5}$
   d) $\frac{125}{1000} = \frac{1}{8}$

6. a) $\frac{5}{50} = \frac{1}{10}$
   b) $\frac{7}{8}$
   c) $\frac{60}{144}$
   d) $\frac{70}{100} = \frac{7}{10}$

Bruchrechnen, alle Operationen (Seiten 145 und 146)

1. $\frac{3}{6} = \frac{1}{2}$
   $\frac{5}{10} = \frac{1}{2}$
   $\frac{1}{8}$
   $\frac{7}{15}$

2. $\frac{6}{8} = \frac{3}{4}$
   $\frac{7}{20}$
   $\frac{12}{20} = \frac{3}{5}$
   $\frac{7}{10}$

3. $\frac{13}{20}$
   $\frac{8}{16} = \frac{1}{2}$
   $\frac{4}{9}$
   $\frac{4}{5}$

4. $\frac{5}{8}$
   $\frac{3}{20}$
   $\frac{7}{12}$
   $\frac{10}{25} = \frac{2}{5}$

5. $\frac{6}{18} = \frac{1}{3}$
$\frac{3}{25}$
$\frac{3}{10}$
$\frac{9}{12} = \frac{3}{4}$

6. $\frac{2}{25}$
$\frac{3}{16}$
$\frac{1}{6}$
$\frac{1}{20}$

7. $\frac{45}{50} = \frac{9}{10}$
$\frac{6}{9} = \frac{2}{3}$
$\frac{1}{100}$
2

8. $\frac{4}{5}$
$\frac{9}{10}$
$\frac{35}{100} = \frac{7}{20}$
$\frac{18}{20} = \frac{9}{10}$

9. $\frac{3}{50}$
$\frac{7}{60}$
$\frac{2}{6} = \frac{1}{3}$
$\frac{5}{15} = \frac{1}{3}$

10. $\frac{4}{6} = \frac{2}{3}$
$\frac{18}{20} = \frac{9}{10}$
$\frac{5}{20} = \frac{1}{4}$
$\frac{2}{15}$

11. $\frac{4}{20} = \frac{1}{5}$
$\frac{12}{8} = \frac{3}{2}$
$\frac{2}{8} = \frac{1}{4}$
$\frac{5}{8}$

12. $\frac{36}{54} = \frac{2}{3}$
$\frac{12}{20} = \frac{3}{5}$
$\frac{7}{12}$
$\frac{144}{180} = \frac{4}{5}$

Textaufgaben zum Bruchrechnen (Seiten 146 und 147)

1. $\frac{4}{8} = \frac{1}{2}$
2. $\frac{2}{3}$
3. $\frac{4}{10} = \frac{2}{5}$
4. 8
5. $\frac{1}{16}$
6. $\frac{1}{5}$
7. $\frac{6}{8} = \frac{3}{4}$
8. $\frac{4}{7}, \frac{3}{7}$
9. 100
10. 96
11. 18
12. 25
13. 16
14. 24
15. 36
16. 75

17. Christine: **15** Bilder, Martin: **25** Bilder
oder:
Christine: **30** Bilder, Martin: **50** Bilder

18. Urs: **10** Taschenbücher, Vera: **14** Taschenbücher
oder:
Urs: **20** Taschenbücher, Vera: **28** Taschenbücher

Addieren und subtrahieren (Seite 148)

1. 59 377
2. 48 350
3. 24 657
4. 11 564
5. 64 736
6. 13 334
7. 39 953
8. 60 186
9. 49 876 − 5359 = 44 517
10. 18 170 − 17 898 = 272

Verschiedene Wege führen zum Ziel (Seite 149)

1. 1.8 0.15 0.01 7.2	**2.** 0.042 3.6 0.032 0.14	**3.** 0.3 0.56 0.12 21	**4.** 2.4 0.18 40 0.6
5. 0.9 1 320 810	**6.** 1.8 48 2.8 240	**7.** 56 120 1.2 63	**8.** 20 9 300 1.6
9. 42 7.2 360 2.5	**10.** 1.2 400 16 2.7	**11.** 1.8 14 30 45	**12.** 0.24 24 210 28

Dieselben Zahlen – verschiedene Rechnungen (Seiten 149 und 150)

1. 83.306
2. 1.728
3. 202.44
4. 1.845
5. 133.272
6. 23.44
7. 49.65
8. 25.056
9. 0.864
10. 7.2 − 0.864 = 6.336

Runden (Seiten 150 und 151)

1.
- **a)** 4.584 t
- **b)** 16.4 cm
- **c)** 0.098 kg
- **d)** 3.050 km
- **e)** 0.60 m
- **f)** 2.91 hl
- **g)** 4.0 l
- **h)** 13.0 cm
- **i)** 1.281 kg
- **k)** 0.01 m
- **l)** 9.945 l
- **m)** 0.8 m
- **n)** 30.00 m
- **o)** 3.88 l
- **p)** 21.0 l
- **q)** 201.80 Fr.

2. 1.803 t
3. 0.5 cm
4. 1.394 kg
5. 0.406 km
6. 16.50 m
7. 1.47 hl
8. 49.9 l
9. 0.04 l
10. 10.0 m
11. 0.082 l
12. 4.195 km
13. 29.95 Fr.

Vom Bruch zur Dezimalzahl – von der Dezimalzahl zum Bruch
(Seiten 151 und 152)

1. 0.25	**2.** 0.375	**3.** 0.175	**4.** 0.8
0.6	1.2	0.95	0.18
0.325	0.02	0.045	0.85
0.55	0.16	0.078	2.375
5. 1.15	**6.** 0.006	**7.** 0.065	**8.** 1.75
0.235	0.825	3.75	0.015
1.26	0.22	2.02	0.028
0.875	0.76	1.125	2.92
9. $\frac{7}{20}$	**10.** $\frac{3}{4}$	**11.** $\frac{9}{40}$	**12.** $\frac{7}{50}$
$\frac{2}{5}$	$\frac{1}{20}$	$\frac{11}{200}$	$\frac{1}{500}$
$\frac{1}{8}$	$\frac{9}{500}$	$\frac{7}{200}$	$\frac{3}{40}$
$\frac{13}{5}$	$\frac{5}{8}$	$\frac{9}{10}$	$\frac{53}{50}$
13. $\frac{8}{25}$	**14.** $\frac{9}{2}$	**15.** $\frac{49}{50}$	**16.** $\frac{41}{20}$
$\frac{1}{5}$	$\frac{21}{40}$	$\frac{1}{25}$	$\frac{3}{125}$
$\frac{1}{250}$	$\frac{13}{1000}$	$\frac{33}{50}$	$\frac{5}{4}$
$\frac{7}{2}$	$\frac{21}{20}$	$\frac{7}{5}$	$\frac{24}{25}$

Nicht abbrechende Dezimalzahlen (Seite 152)

1.
- a) 0.625
- b) 0.3333...
- c) 0.5555...
- d) 0.5833...
- e) 0.1666...
- f) 0.0777...
- g) 0.075
- h) 0.5666...
- i) 0.5875
- k) 0.5166...
- l) 0.5625
- m) 0.3055...

2.

	auf 3 Dezimalen genau:	auf 2 Dezimalen genau:	auf 1 Dezimale genau:
b) 0.3333...	0.333	0.33	0.3
c) 0.5555...	0.556	0.56	0.6
d) 0.5833...	0.583	0.58	0.6
e) 0.1666...	0.167	0.17	0.2
f) 0.0777...	0.078	0.08	0.1
h) 0.5666...	0.567	0.57	0.6
k) 0.5166...	0.517	0.52	0.5
m) 0.3055...	0.306	0.31	0.3

Textaufgaben (Seiten 153 und 154)

1. 122.50 Fr.
2. 225 Tragtaschen
3. 83 h
4. 13 Harasse
5. 28 cm
6. 18 km/h
7. 477 Fr.
8. 2 h 20 min
9. 150 Tassen
10. 455 Fr.
11. 32 Briefe
12. 32 50-cm-Platten

Flächenmasse umformen (Seite 154)

1. $10\ cm^2$
   $9.7\ cm^2$
   $20.65\ cm^2$
   $408\ cm^2$

2. $700\ mm^2$
   $34\ 300\ mm^2$
   $80\ mm^2$
   $1620\ mm^2$

3. $30\ dm^2$
   $4.05\ dm^2$
   $0.54\ dm^2$
   $400.02\ dm^2$

4. $2300\ cm^2$
   $59\ 000\ cm^2$
   $260\ cm^2$
   $4005\ cm^2$

5. $7.3\ m^2$
   $200.6\ m^2$
   $4.01\ m^2$
   $93\ m^2$

6. $800\ dm^2$
   $10\ dm^2$
   $306\ dm^2$
   $4050\ dm^2$

7. $10\ m^2$
   $3.5\ m^2$
   $0.7\ m^2$
   $1.003\ m^2$

8. $40\ 000\ cm^2$
   $300\ cm^2$
   $62\ cm^2$
   $8700\ cm^2$

9. 26 a
   0.04 a
   105 a
   42.18 a

10. $6\ m^2$
    $3900\ m^2$
    $980\ m^2$
    $5007\ m^2$

11. $0.06\ km^2$
    $3.04\ km^2$
    $190\ km^2$
    $60.1\ km^2$

12. 320 ha
    2070 ha
    4300 ha
    10 090 ha

Seitenlängen, Umfang und Flächeninhalt von Rechteck und Quadrat (Seite 155)

1. a) Umfang: 44 cm
   b) Flächeninhalt: $117\ cm^2$

2. a) Umfang: 54 cm
   b) Flächeninhalt: $176\ cm^2$

3. a) Breite: 10 cm
   b) Flächeninhalt: $170\ cm^2$

4. a) Umfang: 60 cm
   b) Flächeninhalt: $225\ cm^2$

5. a) Breite: 16 cm
   b) Flächeninhalt: $256\ cm^2$

6. a) Breite: 9 cm
   b) Umfang: 50 cm

7. a) Umfang: 68 cm
   b) Flächeninhalt: $285\ cm^2$

8. a) Länge: 19 cm
   b) Flächeninhalt: $209\ cm^2$

9. a) Länge: 9 cm
   b) Flächeninhalt: 81 cm²

10. a) Länge: 14 cm
    b) Umfang: 52 cm

11. a) Breite: 6 cm
    b) Umfang: 24 cm

12. a) Länge: 8 cm
    b) Umfang: 32 cm

Seitenlängen, Umfang und Flächeninhalt des Rechtecks (Seiten 156 und 157)

1. a) Grösse der Längsseite: 20 cm
      Grösse der Breitseite: 12 cm
   b) Umfang: 64 cm
   c) Flächeninhalt: 240 cm²

2. a) Grösse der Längsseite: 11 cm
      Grösse der Breitseite: 9 cm
   b) Umfang: 40 cm
   c) Flächeninhalt: 99 cm²

3. a) Grösse der Längsseite: 12 cm
      Grösse der Breitseite: 9 cm
   b) Umfang: 42 cm
   c) Flächeninhalt: 108 cm²

4. a) Grösse der Längsseite: 10 cm
      Grösse der Breitseite: 2 cm
   b) Umfang: 24 cm
   c) Flächeninhalt: 20 cm²

5. a) Grösse der Breitseite: 7 cm
   b) Flächeninhalt: 63 cm²

6. a) Grösse der Längsseite: 7 cm
   b) Umfang: 24 cm

7. a) Umfang: 60 cm
   b) Grösse der Längsseite: 18 cm
      Grösse der Breitseite: 12 cm
   c) Flächeninhalt: 216 cm²

8. a) Flächeninhalt: 80 cm²
   b) Grösse der Längsseite: 16 cm
      Grösse der Breitseite: 5 cm
   c) Umfang: 42 cm

Prozentrechnen (Seiten 157 und 158)

1. 8 Fr.
   600 km
   70 hl
   10 000 Einwohner

2. 48 Fr.
   9 cm
   21 000 Bäume
   280 kg

3. 6000 Fr.
   7200 Passagiere
   135 m²
   286 hl

4. 780 km
   195 Kinder
   4 min
   210 m²

5. 36 min
   6 cm
   175 Fässer
   15 000 l

6. 4 l
   39 Kisten
   4.2 dm² = 420 cm²
   9900 t

7. 36 m
   380 g
   16 200 Fr.
   861 hl

8. 4.08 m
   1080 Motorfahrzeuge
   66 500 km
   231 t

9. 96 cm
   19 Hotelgäste
   3920 hl
   1144 Fr.

10. 9800 t
    42 cl = 420 ml
    33 km^2
    3410 Personen

Mehr als 1 Ganzes (Seite 158)

1. 24 h
2. 900 t
3. 17 500 Billette
4. 374 000 Fr.

5. 1540 kg
6. 72 000 Fahrzeuge
7. 100 km/h
8. 3150 m^2

9. 700 m
10. 16 750 Besucher
11. 190 000 t
12. 1512 hl

13. 9.5 kg
14. 907 200 Einwohner
15. 2400 km
16. 24 000 t

Förderaufgaben

Liebe Schülerin, lieber Schüler

Auf den folgenden Seiten findest du so genannte Förderaufgaben. Sie sollen es dir ermöglichen, dich noch zusätzlich mit mathematischen Problemen zu beschäftigen. Viele der angebotenen Aufgaben gehen über den obligatorischen Stoff hinaus und sind anspruchsvoll. Bald erfordern sie Fantasie, bald besondere Sorgfalt, und manchmal auch Ausdauer.
Es ist uns ein Anliegen, dass du die Aufgaben ohne Hast zu lösen versuchst. Keinesfalls geht es darum, sie möglichst rasch zu erledigen und dabei unnötige Fehler in Kauf zu nehmen.
Und noch etwas: Am Schluss des Förderaufgabenteils findest du die entsprechenden Lösungen. Du kannst deine Schlussergebnisse damit vergleichen. Die Zwischenergebnisse haben wir nicht angegeben. Diese kannst du nötigenfalls von deinem Lehrer oder von deiner Lehrerin erfahren. – Und nun, viel Vergnügen!

Wie heissen die beiden Zahlen?

1. Die zweite Zahl ist die Hälfte der ersten Zahl. Die Summe der beiden Zahlen beträgt 72.

2. Die zweite Zahl ist das Vierfache der ersten Zahl. Der Unterschied der beiden Zahlen beträgt 72.

3. Die zweite Zahl ist um 8 grösser als das Doppelte der ersten Zahl. Die Summe der beiden Zahlen beträgt 56.

4. Die zweite Zahl ist um 5 kleiner als das Fünffache der ersten Zahl. Die Summe der beiden Zahlen beträgt 79.

5. Die Hälfte der zweiten Zahl ist um 18 grösser als die erste Zahl. Die Summe der beiden Zahlen beträgt 48.

6. Das Doppelte der zweiten Zahl ist um 18 kleiner als die erste Zahl. Die Summe der beiden Zahlen beträgt 60.

7. Die erste Zahl ist eine Quadratzahl. Sie ist um 94 grösser als die zweite Zahl. Das Produkt der beiden Zahlen beträgt 7200.

8. Dividiert man die erste Zahl durch die zweite Zahl, erhält man 4. Die Summe der beiden Zahlen beträgt 240.

9. Die erste Zahl ist um 72 grösser als die zweite Zahl. Der Quotient der beiden Zahlen beträgt 7.

Das grosse Punkteverteilen

Bei den 5040 Punkten, die jeweils zu verteilen sind, könnte es sich zum Beispiel um Bilderchecks handeln.

1. Du verteilst 5040 Punkte. Du gibst A einen 10er-Check und B einen 10er-Check, dann wieder A einen 10er-Check und B einen 10er-Check usw., bis alle Punkte verteilt sind. Wie viele 10er-Checks und wie viele Punkte bekommt A? – Wie viele Checks und Punkte bekommt B?

2. Du verteilst 5040 Punkte, und zwar immer zuerst einen 3er-Check an A, dann einen 5er-Check an B, einen 3er-Check an A, einen 5er-Check an B usw., bis alle Punkte verteilt sind. Wie viele 3er-Checks wird A bekommen und wie viele Punkte? – Wie viele 5er-Checks wird B bekommen und wie viele Punkte?

3. Du hast 5040 Punkte in lauter 80er-Checks. Du verteilst immer einen Check an A, einen Check an B, einen Check an A, einen Check an B, bis die Punkte verteilt sind. Wie viele 80er-Checks und wie viele Punkte wird A bekommen und wie viele 80er-Checks und Punkte B?

4. Du verteilst 5040 Punkte und gibst immer zuerst A einen 90er-Check und B einen 60er-Check, A einen 90er-Check und B einen 60er-Check usw. – Wie viele 90er-Checks und wie viele Punkte wird A bekommen? – Wie viele 60er-Checks und Punkte werden es bei B sein?

5. Du verteilst 5040 Punkte so an A und an B: Im ersten Durchgang bekommt jede Person 120 Punkte, im zweiten Durchgang das Doppelte, im dritten Durchgang das Dreifache von 120 usw., bis die Punkte verteilt sind. Wie viele Durchgänge sind nötig und wie viele Punkte wird jede der beiden Personen im letzten Durchgang bekommen?

6. Du hast 5040 Punkte und verteilst sie so an A und B: Im ersten Durchgang bekommt jede Person die gleiche Anzahl Punkte, im zweiten Durchgang das Doppelte dieser Zahl, im dritten Durchgang das Doppelte vom Doppelten und im vierten Durchgang das Doppelte des Doppelten vom Doppelten. Wie viel musst du dann jeder der beiden Personen im ersten Durchgang abgeben?

Teiler von ganzen Zahlen

Gegeben sind die Zahlen von 1 bis 120.
Bestimme alle Zahlen, welche die nachstehenden Bedingungen erfüllen.

1. Die Zahl hat 4 ungerade Teiler. Sie ist zudem kleiner als 30.

2. Die Zahl hat 4 Teiler. Einer davon ist 59.

3. Die Zahl hat 8 Teiler. Einer davon ist 22.

4. Die Zahl hat 6 Teiler. Einer davon ist 39.

5. Die Zahl hat 10 Teiler. Sie ist zudem kleiner als 50.

6. Die Zahl hat 9 Teiler.

7. Die Zahl hat 5 Teiler.

8. Die Zahl hat 16 Teiler.

9. Die Zahl hat 7 Teiler.

10. Die Zahl ist zweistellig und hat eine ungerade Anzahl Teiler. Was stellst du fest?

Bestimme nun die kleinste Zahl

11. mit 4 Teilern.

12. mit 8 Teilern.

Vieles dreht sich um den Unterschied

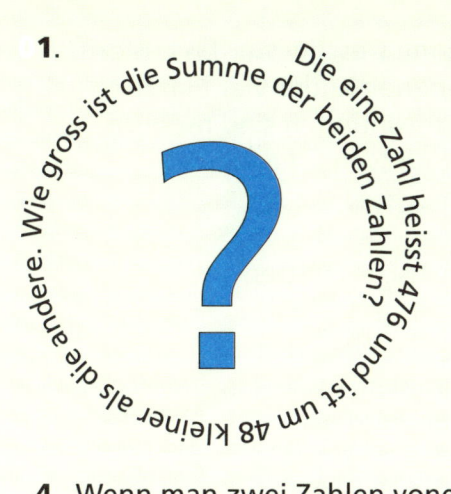

1. Wie gross ist die Summe der beiden Zahlen? Die eine Zahl heisst 476 und ist um 48 kleiner als die andere. Wie gross ist die Summe der beiden Zahlen?

2. Der Unterschied zwischen zwei Zahlen beträgt 28. Wenn man beide Zahlen addiert, dann erhält man 100. Wie heissen die beiden Zahlen?

3. Wenn man zwei Zahlen addiert, dann erhält man 115. Wenn man sie voneinander subtrahiert, dann erhält man 25. Wie heissen die beiden Zahlen?

4. Wenn man zwei Zahlen voneinander subtrahiert, erhält man 38, nämlich genau die Hälfte ihrer Summe. Wie heissen die beiden Zahlen?

5. Wenn man von einer Zahl den 6. Teil subtrahiert, erhält man 150. Wie heisst diese Zahl?

6. Wenn man zu einer Zahl den 3. Teil addiert, erhält man 108. Wie heisst diese Zahl?

7. Wenn man das 7fache einer Zahl durch 5 dividiert, erhält man 35. Wie heisst diese Zahl?

8. Wenn man zwei Zahlen addiert, erhält man 432. Die eine der beiden ist doppelt so gross wie die andere. Wie heissen die zwei Zahlen?

9. Von drei Zahlen ist die mittlere doppelt so gross wie die kleinste und halb so gross wie die grösste. Wenn man die drei Zahlen addiert, erhält man 126. Wie heissen die drei Zahlen?

10. Die grössere von zwei Zahlen heisst 92. Wenn man sie halbiert, erhält man 2 weniger, als wenn man die kleinere verdoppelt. Wie heisst die kleinere Zahl?

11. Wenn man von einer Zahl den 4. Teil subtrahiert, erhält man 52 weniger, als wenn man zu ihr den 4. Teil addiert. Wie heisst diese Zahl?

Was alles möglich ist

1. Für Lauris, das Geburtstagskind, und seine Geschwister Elsa, Moritz und die kleine Nanni sind im Zirkus nebeneinander vier Plätze reserviert. – Wie viele verschiedene Sitzordnungen sind möglich, wenn Lauris nicht am Rand sitzen soll und wenn die kleine Nanni unbedingt neben Lauris sitzen möchte?

2. An den Längsseiten eines rechteckigen Tisches hätten je 3 Stühle Platz, an den Schmalseiten nur je 1 Stuhl. Es sind 6 gleich grosse Stühle vorhanden. – Wie viele Möglichkeiten hat man, diese Stühle um den Tisch herum anzuordnen? (Es muss nicht unbedingt an allen Tischseiten Stühle haben.)

3. Vor einem Restaurant gabeln sich 3 Strassen. Soeben verlassen 2 Gäste das Lokal, um nachhause zu gehen. Vielleicht gehen beide in die gleiche Richtung, vielleicht auch nicht. Wie viele Möglichkeiten wegzugehen, lassen sich für die beiden Gäste denken?

4. Auf eine Zielscheibe in der Art, wie sie abgebildet ist, kann man mit Wurfpfeilen werfen. Nimm an, du dürftest 2 Pfeile werfen. – Wie viele verschiedene Punktzahlen wären möglich?

5. Auf dem Boden einer tiefen Schachtel liegen 3 gleich grosse Schokolademäuse. Livia, Nicole und Fabian fischen bei verbundenen Augen mit einer Art Angelrute danach. Nach einiger Zeit sind alle Schokolademäuse «gefangen». Auf wie viele Arten könnten sie sich auf die drei Kinder verteilen?

Die richtige Anzahl oder der richtige Typ

Nimm an, in einem Karten-Shop seien Tierkarten in vier verschiedenen Ausführungen zu haben. Die Preise sind entsprechend, nämlich:

für Karten vom Typ A 2.40 Fr./Stück	für Karten vom Typ B 3.60 Fr./Stück	für Karten vom Typ C 1.60 Fr./Stück	für Karten vom Typ D 1.50 Fr./Stück

1. Für einen bestimmten Geldbetrag könnte man 8 Karten desselben Typs kaufen. Gleich viele Karten eines andern Typs bekäme man, wenn man 6.40 Fr. mehr bezahlen würde.

2. Lisa bezahlt mit einer Zwanzigernote und erhält 80 Rp. Rückgeld. Sie freut sich, dass sie mehr als 10 Karten bekommen hat.

3. Vera und Eva wollen lauter Karten vom gleichen Typ kaufen, wissen aber noch nicht, für welche sie sich entscheiden sollen. Vera sagt: «Unser Geld reicht genau für vier von den schönen teureren Karten.» Eva meint: «Von den billigeren würden wir aber für den gleichen Betrag fünf Karten mehr erhalten.»

4. Ein Geldbetrag würde genau für 15 Karten oder für 24 Karten oder für 10 Karten des je gleichen Typs reichen.

5. Für insgesamt 32 Fr. gäbe es je gleich viele Karten vom Typ A und vom Typ C.

6. Markus kauft Karten vom Typ C und vom Typ D. Für genau 20 Fr. erhält er 13 Karten.

7. Andrea kauft 9 Karten, je 3 vom gleichen Typ. Sie bezahlt mit einer Zwanzigernote, merkt aber sogleich, dass sie noch 10 Rp. dazulegen muss.

8. Thomas will für genau 24 Fr. Karten von zwei verschiedenen Typen kaufen. Er möchte für sein Geld möglichst viele Karten erhalten.

Über Abfüllmaschinen

Gehe von der folgenden Annahme aus: Wenn 2 Abfüllmaschinen des gleichen Typs von 9.00 Uhr bis 12.00 Uhr pausenlos in Betrieb sind, dann ..., ja dann werden sie im Ganzen 10 800 Gläser abfüllen.

1. Und wenn die beiden Maschinen nur von 9 Uhr bis 11 Uhr in Betrieb wären?

2. Und wenn die beiden Maschinen von 8 Uhr bis 12.30 Uhr in Betrieb wären?

3. Und wenn die beiden Maschinen genau 3 h 20 min lang in Betrieb wären?

4. Und wenn nur eine der beiden Maschinen in Betrieb wäre, dafür 7 h lang?

5. Und wenn beide Maschinen um 10.00 Uhr anlaufen würden und die eine wäre bis 12.00 Uhr, die andere bis 13.30 Uhr in Betrieb?

6. Und wenn $2\frac{1}{2}$ h lang 3 solche Maschinen in Betrieb wären?

7. Wie lange müssten beide Maschinen mindestens in Betrieb sein, wenn 18 000 Gläser abgefüllt werden müssten?

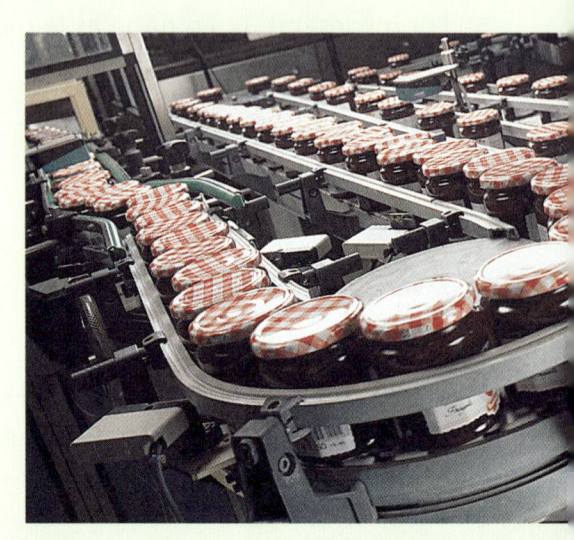

Gehe nun von der folgenden Annahme aus: 2 Maschinen des gleichen Typs können eine bestimmte Abfüllarbeit in einer Laufzeit von genau 3 h 30 min erledigen.

8. Wie lange würde es dauern, wenn nur 1 Maschine in Betrieb wäre?

9. Wie lange würde es dauern, wenn die eine der beiden Maschinen nach 2 h wegen eines Defekts ausfallen würde?

10. Wie lange würde es dauern, wenn während der ersten 20 min nur 1 Maschine in Betrieb wäre?

11. Wie viel Zeit wäre nötig, wenn nur gerade die Hälfte der Arbeit erledigt werden müsste, aber auch nur 1 Maschine zur Verfügung stehen würde?

12. Wie lange würde es dauern, wenn statt 2 Maschinen 3 solche Maschinen in Betrieb wären?

13. Wie lange würde es dauern, wenn nach 2 h zu den ersten zwei Maschinen eine dritte solche Maschine zugeschaltet würde?

14. Wie lange würde es dauern, wenn für die ganze Arbeit neben den beiden Maschinen noch eine dritte zur Verfügung stehen würde, diese jedoch nur halb so viel leisten könnte?

Bruchteile von Würfeln

In jeder Aufgabe gehen wir von einem Würfel aus, der aus kleinen, gleich grossen Würfeln aufgebaut worden ist. Dann hat man jeweils eine gewisse Anzahl der kleinen Würfel weggenommen. – Gib für jeden Restkörper an, welcher Bruchteil des ursprünglichen Würfels nun fehlt.

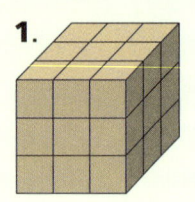

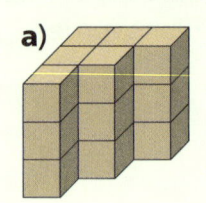

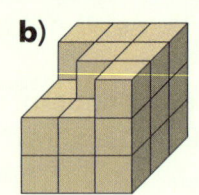

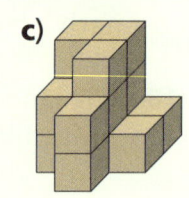

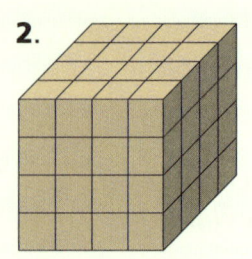

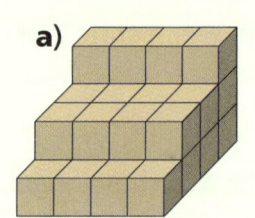

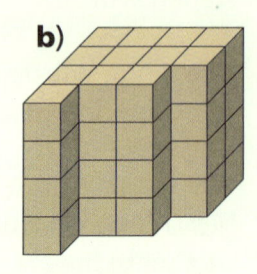

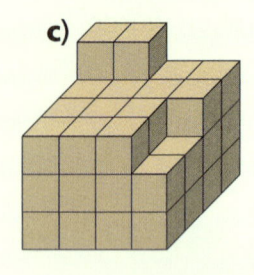

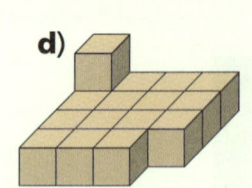

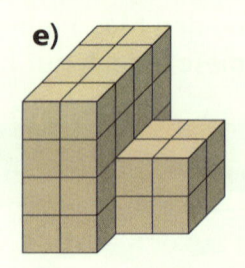

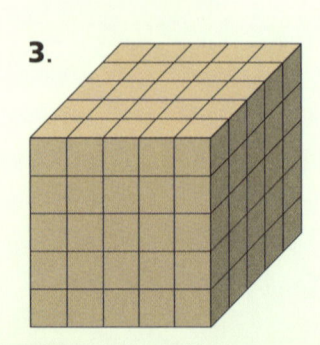

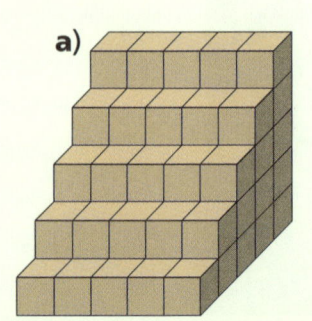

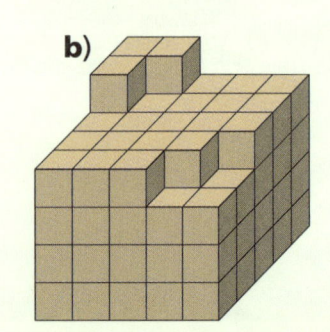

1.   a)   b)   c)

2.   a)   b)   c)   d)   e)

3.   a)   b)

Quader und Würfel

1. Die Oberfläche eines Holzquaders, der 6 cm lang, 4 cm breit und 4 cm hoch ist, wird mit blauer Farbe bemalt.

   Anschliessend wird er in lauter gleich grosse Würfel zersägt, und zwar so, wie es die nebenstehende Abbildung zeigt.

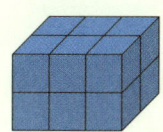

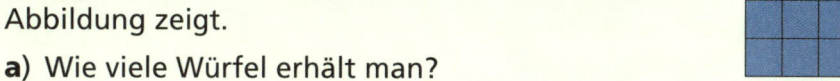

   a) Wie viele Würfel erhält man?

   b) Wie viele Würfel haben vier blaue Flächen, drei blaue Flächen, zwei blaue Flächen, eine blaue Fläche, keine blaue Fläche?

   c) Wie gross ist der Inhalt aller nicht bemalten Flächen insgesamt?

2. Jetzt ist ein vollständig blau bemalter Quader in lauter Würfel von 2 cm Kantenlänge zersägt worden, und zwar so, wie es die nebenstehende Abbildung zeigt.

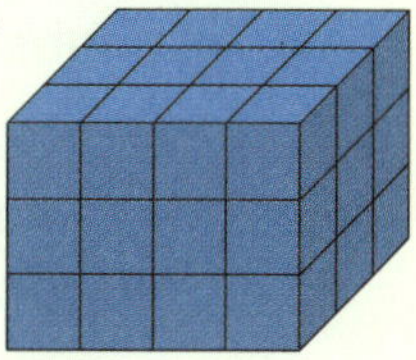

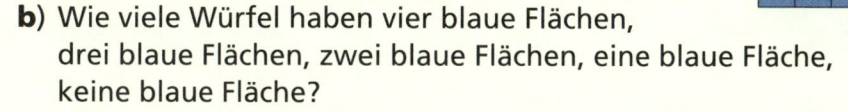

   a) Wie viele Würfel erhält man?

   b) Wie viele Würfel haben vier blaue Flächen, drei blaue Flächen, zwei blaue Flächen, eine blaue Fläche, keine blaue Fläche?

   c) Wie gross ist der Inhalt aller nicht bemalten Flächen insgesamt?

3. Diesmal ist der vollständig blau bemalte Quader 10 cm lang, 8 cm breit und 8 cm hoch. Er wird wiederum in lauter Würfel von 2 cm Kantenlänge zersägt.

   a) Wie viele Würfel erhält man?

   b) Wie viele Würfel haben vier blaue Flächen, drei blaue Flächen, zwei blaue Flächen, eine blaue Fläche, keine blaue Fläche?

   c) Wie gross ist der Inhalt aller nicht bemalten Flächen insgesamt?

Vom grossen Ganzen zum Einzelnen – und umgekehrt!

Es geht um Gesamtwerte, zum Beispiel um Geldbeträge, und es geht um die Einzelwerte von A, B und C. Zeichne die folgenden Tabellen auf ein Blatt Papier und vervollständige sie.

1. a) A hat 400 vom Gesamtwert.
    B und C haben je gleich viel.
   b) C hat $\frac{1}{3}$ vom Gesamtwert.
    B hat 100 mehr als A.
   c) B hat $\frac{3}{5}$ vom Gesamtwert.
    C hat halb so viel wie A.
   d) Alle haben gleich viel.
   e) B hat $\frac{1}{6}$ vom Gesamtwert.
    C hat doppelt so viel wie A.

	Gesamt-wert	A	B	C
a)	900			
b)	900			
c)	900			
d)	900			
e)	900			

2. a) A hat so viel wie B und C zusammen. B und C haben gleich viel.
   b) B hat 60 mehr als A.
    C hat 60 mehr als B.
   c) C hat doppelt so viel wie B.
    B hat doppelt so viel wie A.
   d) A hat 30 weniger als B und 30 weniger als C.
   e) A hat 80 mehr als B und 160 mehr als C.

	Gesamt-wert	A	B	C
a)	840			
b)	840			
c)	840			
d)	840			
e)	840			

3.
a) A hat $\frac{3}{10}$ des Gesamtwerts, B doppelt so viel und C den Rest.

b) A hat $\frac{1}{3}$ und B $\frac{1}{4}$ des Gesamtwerts. C hat den Rest.*

c) A hat $\frac{1}{4}$ und B $\frac{2}{5}$ des Gesamtwerts. C hat den Rest.*

d) C hat $\frac{3}{4}$ und B $\frac{1}{6}$ des Gesamtwerts. A hat den Rest.*

	Gesamt-wert	A	B	C
a)				80
b)				360
c)				280
d)		48		

*Mache die Brüche gleichnamig!

4.
a) A hat halb so viel wie B, und B hat halb so viel wie C.

b) A hat um $\frac{1}{3}$ mehr als B und B um $\frac{1}{3}$ mehr als C.

c) B hat um $\frac{1}{3}$ mehr als C. A hat dreimal so viel wie B.

d) B hat 150 mehr als C und 150 weniger als A. C hat 10 mehr als die Hälfte von B.

	Gesamt-wert	A	B	C
a)		260		
b)				180
c)			160	
d)				

«Studieren geht über Probieren»

Bestimme die Lösungen. Vielleicht entdeckst du Wege, die dir das schriftliche Rechnen ersparen.

1. 675.108 − 43.02 − 156.98 = ☐
2. 121.75 + 121.75 + 121.75 − 71.75 − 71.75 − 71.75 = ☐
3. (4 · 13.879) · 25 = ☐   4. (53 · 7.068) + (47 · 7.068) = ☐
5. 6 · (271.2 : 600) = ☐
6. 256.3 + 0.137 + 16.84 + 0.863 + 13.16 + 43.7 = ☐
7. 125 · (49.88 · 8) = ☐   8. (49 · 12.74) − (39 · 12.74) = ☐
9. (421 : 250) : 4 = ☐   10. (25 · 15.6) + (50 · 7.8) = ☐

Aufgepasst auf die Masseinheiten!

Bestimme die Lösungen.

1. 68 m − 68 dm − 68 cm = ☐   2. 86 m^2 − 86 dm^2 − 86 cm^2 = ☐
3. 67 · (10 dm − 73 cm) = ☐   4. 76 · (10 dm^2 − 37 cm^2) = ☐
5. 112 cm : ☐ = 32 mm   6. 56 cm^2 : ☐ = 16 mm^2
7. 1 km^2 : 16 = ☐ · 5 m^2 8. 1 km : 8 = ☐ · 5 m

9. Am Abend des 31. Oktober 1997 zeigte das Thermometer vor dem Schulhaus in B. 6.5 Grad plus, am Morgen des 1. November 5.5 Grad minus. Wie gross war der Temperaturunterschied?

10. Das Dorfzentrum von Zermatt liegt auf 1616 m über Meer, die Hörnlihütte auf 3260 m. Von der Hörnlihütte zum Gipfel des Matterhorns beträgt der Höhenunterschied 1216.4 m.

    a) Welche Höhe über Meer hat der Gipfel des Matterhorns?

    b) Wie gross ist der Höhenunterschied zwischen Zermatt und dem Matterhorngipfel?

Anschläge geben den Ausschlag

1. Lisa hat für das Lagerbuch ihrer Klasse einen Text entworfen und will diesen zum Kopieren von ihrer handgeschriebenen Vorlage in den Computer ihres Vaters eintippen.
   Nehmen wir an, dass für Lisas Text 2250 Anschläge, das heisst Buchstaben, Satzzeichen und Leerschläge für Zwischenräume, nötig sind.
   Ferner nehmen wir an, dass Lisa Hilfe bekommt und dass sich ihre Schreibarbeit zeitlich wie folgt verteilt:
   – Lisa: 12 min für die ersten 600 Anschläge
   – Lisas grosser Bruder: 8 min für die nächsten 600 Anschläge
   – Lisas kleiner Bruder: 5 min für weitere 150 Anschläge
   – Lisas Mutter: 6 min für den Rest

   Beantworte die folgenden Fragen:

   a) Wie viel Zeit würde so die ganze Abschreibarbeit erfordern?
   b) Wie viele Anschläge müsste die Mutter pro min fertig bringen?
   c) Wie lange müsste Lisa schreiben, wenn sie alles allein schreiben müsste und wenn sie ihr Arbeitstempo durchhalten könnte?
   d) Wie viel Zeit würde der grosse Bruder bei seinem Tempo für den ganzen Text benötigen?
   e) Wie lange hätte der kleine Bruder, um den ganzen Text einzutippen?
   f) Wie viel Zeit würde die Mutter für den ganzen Text benötigen?

2. Für die Zeitung soll ein kurzer Lagerbericht verfasst werden. Wenn dafür 20 Zeilen zur Verfügung stehen würden, dürften es im Ganzen 720 Anschläge sein.

   a) Wie viele Anschläge dürften es sein, wenn der Bericht 25 Zeilen lang sein könnte?
   b) Wie viele Anschläge dürften es sein, wenn der Bericht mit 16 Zeilen auskommen müsste?
   c) Wie viele Zeilen stünden für den Bericht zur Verfügung, wenn es höchstens 540 Anschläge sein dürften?

3. Ein bestimmter Text würde in einem Reiseprospekt genau 25 Zeilen füllen, wenn pro Zeile 32 Anschläge möglich wären.

a) Wie viele Zeilen wären mindestens nötig, wenn pro Zeile nur 25 Anschläge möglich wären?

b) Wie viele Zeilen würde der Text mindestens beanspruchen, wenn 40 Anschläge pro Zeile möglich wären?

c) Wie viele Zeilen wären es mindestens, wenn 60 Anschläge pro Zeile möglich wären? – Und wie würde sich der Text voraussichtlich auf die Zeilen verteilen?

d) Was wäre zu sagen, wenn der Text auf nur 10 Zeilen Platz haben müsste?

e) Wenn der Text auf 16 Zeilen verteilt wäre und auf der 16. Zeile wären noch 20 Anschläge – was wäre dann über die andern Zeilen zu sagen?

Die erste Schreibmaschine der Bundesverwaltung, 1878

Es heisst richtig kombinieren

Eine sechste Klasse zählt 25 Kinder.

1. Es sind 3 Mädchen weniger als Knaben. Wie viele Mädchen und wie viele Knaben zählt diese sechste Klasse?

2. Viele der Kinder sprechen von Hause aus eine fremde Sprache. Es sind nur gerade 5 Kinder mehr, welche Deutsch als Muttersprache haben. Wie viele Kinder sprechen von Hause aus deutsch, wie viele anders?

3. Heute haben 14 Kinder der Klasse für die Pause etwas zum Essen bei sich, und 5 Kinder haben eine Packung Milch oder sonst etwas Spezielles zum Trinken. 8 Kinder haben keines von beidem. Aus diesen Angaben lässt sich ein Schluss ziehen. Welcher?

4. 12 Kinder der Klasse spielen ein Musikinstrument und 18 treiben Sport in einer Jugendgruppe. 6 Kinder tun beides, das heisst, sie spielen ein Instrument und sind auch in einer Sport-Jugendgruppe. Welcher Schluss lässt sich aus diesen Angaben ziehen?

5. $\frac{2}{5}$ der Kinder haben daheim ein Haustier oder sogar mehrere. 4 Kinder haben ein eigenes Stück Garten. 14 Kinder haben weder das eine noch das andere. – Welcher Schluss lässt sich ziehen?

6. Eines Tages erklärt Herr Steiner, der Klassenlehrer: «Ich habe heute Morgen unter alle Sitzflächen eurer Stühle mit Kreide eine Zahl geschrieben. Aber bitte, noch nicht nachschauen! Ich habe nur zwei verschiedene Zahlen benutzt, nämlich entweder die 3 oder die 5. Wenn man alle diese Zahlen von euren Stühlen addiert, erhält man 93. Und jetzt liegt es an euch: Wie viele von euch werden eine 3 vorfinden und wie viele eine 5? Es ist eine genaue Prognose möglich. Also bitte!»

Von Umfang zu Umfang

1. Ein rechteckiges Blatt Papier hatte einen Umfang von 100 cm. Man hat davon in der Art der Skizze ein ebenfalls rechteckiges Stück herausgeschnitten. Wie gross ist der Umfang der blauen Figur?

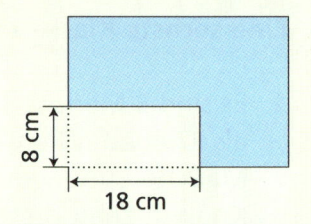

2. Das ursprüngliche Rechteck hatte, bevor man das ebenfalls rechteckige Stück herausgeschnitten hatte, einen Umfang von 112 cm. Welchen Umfang hat die blaue Figur?

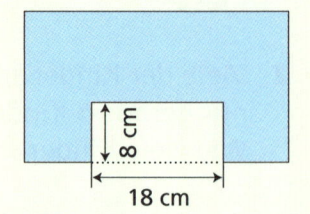

3. Aus einem Quadrat von 64 cm Umfang wurde in der Art der Skizze ein kleines Quadrat von 12 cm Umfang herausgeschnitten und gegenüber wieder angesetzt. Welchen Umfang hat die blaue Figur?

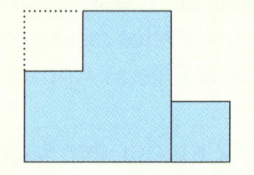

4. Zwei Quadrate sind zu einem Rechteck zusammengesetzt. Diese zusammengesetzte Figur weist einen Umfang von 84 cm auf. Wie gross ist der Umfang eines einzelnen Quadrats?

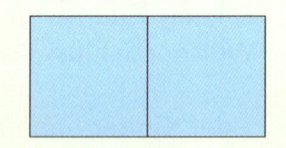

5. Zwei rechteckige Streifen von je 15 cm Länge und 3 cm Breite sind kreuzweise übereinander geklebt. Wie gross ist der Umfang dieser Kreuzfigur?

6. Ein quadratisches Bild hat mitsamt dem Rahmen einen Umfang von 152 cm. Der Rahmen ist ringsum 6 cm breit. Welche Seitenlänge hat das eigentliche Bild?

Ich bin im Bild!

7. Die Quadrate, in welche die Figuren A bis F eingepasst sind, sind alle gleich gross. Vergleiche die Umfänge dieser Figuren miteinander. Ordne die entsprechenden Buchstaben mit Hilfe der Beziehungszeichen >, <, =.

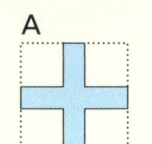

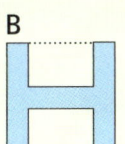

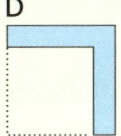

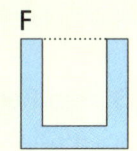

A   B   C   D   E   F

8. Ein rechteckiges Blatt Papier ist in die rechteckigen Teilflächen A, B, C und D unterteilt. Wie gross sind ihre Längs- und ihre Breitseiten?

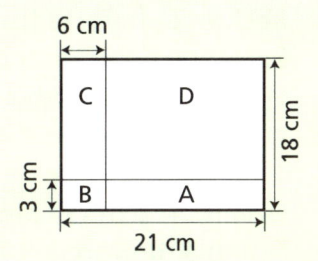

9. Wenn man die Breitseite eines Rechtecks um 2 cm verlängern könnte, gäbe es ein Quadrat von 38 cm Umfang. Wie lang und wie breit ist das blaue Rechteck?

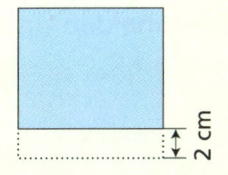

10. Gegeben ist ein Rechteck von 80 cm Umfang. Wenn man seine Längsseite um 5 cm verlängert, dann beträgt der Umfang des «angesetzten» rechteckigen Stücks 46 cm. Wie lang und wie breit ist das gegebene Rechteck?

187

Seitenlängen und Umfang

1. Ein Rechteck ist 4.8 cm breit. Sein Umfang misst 24 cm.
   Es wird so, wie es die Skizze zeigt, in gleich grosse Rechtecke unterteilt.
   Berechne den Umfang des blauen Rechtecks.

2. Ein Quadrat hat einen Umfang von 42 cm.
   Es wird so, wie es die Skizze zeigt, in gleich grosse Rechtecke unterteilt.
   Berechne den Umfang der blauen Figur.

3. Ein Rechteck ist 12.8 cm lang. Sein Umfang misst 44.8 cm.
   Es wird so, wie es die Skizze zeigt, in gleich grosse Rechtecke unterteilt.
   Berechne den Umfang des blauen Rechtecks.

4. Ein Rechteck ist 24.7 cm lang und 11.4 cm breit.
   Es wird in acht Quadrate mit einer Seitenlänge von je 5.7 cm und in ein Rechteck unterteilt.
   Berechne den Umfang des blauen Rechtecks.

5. Ein Rechteck ist 9.6 cm lang und 6.4 cm breit.
   Es wird halbiert, die Hälfte wird wieder halbiert usw., in der Art und so oft, wie es die Skizze zeigt.
   Berechne den Umfang des blauen Rechtecks.

6. Drei Papierquadrate werden so aufeinander geklebt, dass die Ränder überall gleich breit sind. Der Umfang des grössten Quadrats misst 112 cm, der Umfang des kleinsten Quadrats misst 48 cm.

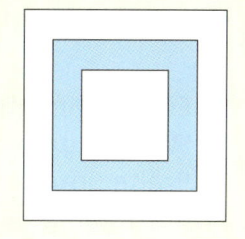

   a) Berechne die Seitenlänge des mittleren Quadrats.

   b) Berechne den Flächeninhalt des blauen «Rahmens».

7. Ein Rechteck ist halb so breit wie lang. Sein Umfang misst 40.2 cm. Wie lang und wie breit ist es?

8. Der Umfang eines Rechtecks misst 30 cm. Der Grössenunterschied zwischen Längs- und Breitseite beträgt 2 cm. Wie lang und wie breit ist das Rechteck?

9. Der Umfang eines Rechtecks misst 7 m. Die Breitseite ist um $\frac{1}{3}$ kürzer als die Längsseite.
Wie lang und wie breit ist das Rechteck?

10. Ein Quadrat hat einen Umfang von 6 m. Es wird so halbiert, dass zwei Rechtecke entstehen.
Wie gross ist der Umfang eines Teilrechtecks?

11. Ein Rechteck ist doppelt so lang wie breit. Es wird so verdoppelt, dass ein Quadrat entsteht, dessen Umfang 15.2 cm misst.
Wie lang und wie breit ist das Rechteck?

12. Fügt man drei gleich grosse Quadrate zu einem Rechteck zusammen, so ist der Umfang dieses Rechtecks um 27.2 cm grösser als der Umfang eines der drei Quadrate.
Wie lang und wie breit ist das Rechteck?

Na und? – Na gut!

1. Ein Schwimmbecken ist 25 m lang und 12 m breit. Auf einen Wettkampf hin soll es mit Korkleinen in Längsbahnen von je 2 m Breite unterteilt werden. Es stehen 5 Leinen zu je 25 m Länge zur Verfügung.

2. Ein rechteckiges, ebenes Stück Weideland ist 32 m lang und 25 m breit. Es soll mit einem Spannnetz eingezäunt werden.

   a) Auf Rollen sind insgesamt 135 m dieser Sorte Netz vorhanden.

   b) Das Netz soll an Plastikpflöcken mit speziellen Haken befestigt werden. Die Pflöcke sollen in einem Abstand von 2 m eingeschlagen werden. Es stehen 57 Pflöcke zur Verfügung.

3. Ein rechteckiges Spielfeld von 18 m Länge und 12 m Breite soll parallel zu den Breitseiten halbiert werden. Als Begrenzungslinie dient eine einzige Leine. Es steht eine 80-m-Leine zur Verfügung.

4. Der quadratische Garten der Familie Schmid hat einen Umfang von 82 m. Auf einer Seite ist er von einer Mauer begrenzt. Auf den übrigen Seiten soll er von einem Lattenzaun begrenzt werden. Dieser Zaun soll von einem 3 m breiten Doppeltor aus Metall unterbrochen sein. Herr Schmid hat aufgeschrieben, wie viel Zaun er in der Fabrik bestellen muss: 85.5 m.

5. Ein rechteckiges Feld ist 90 m lang und 60 m breit. Die Hälfte davon, ein 45 m breites Feld, soll von einem Laubhag eingefasst werden. Dieser Hag soll aber auf allen Seiten je um einen halben Meter vom Rand nach innen gerückt sein. Im Abstand von 0.5 m sollen Hagebuchen gepflanzt werden. Es ist auch ein Tor von 4 m Breite vorgesehen. – In einer kleinen Baumschule wären noch genau 421 solche Hagebuchen sehr günstig zu haben.

6. Ein rechteckiges Zimmer ist um 1.5 m länger als breit. Den Wänden entlang sollen Fussleisten angebracht werden. Es braucht – die 1.2 m breite Tür nicht mit eingerechnet – im Ganzen 13.8 m Fussleisten.
Doch vorher soll ein Spannteppich gelegt werden. Es handelt sich um ein 3.2 m breites und 4.5 m langes Reststück.

Gleichungen mit Grössen – Knacknüsse?

Bestimme die Lösungen.

1. □ · 75 g = 57 kg
2. $\frac{17}{50}$ t − 0.312 t − 27.9 kg = □
3. 999 990 g + □ = 1 t
4. 1 hl : 8 dl = □
5. □ + $\frac{27}{10}$ l + $\frac{27}{100}$ l + 27 ml = 6 l
6. □ · 48 = 2 l 16 cl

7. 95 000 mm + 995 m + 9500 cm + □ = 2 km 65 m
8. 1.51 km − $\frac{2}{5}$ km − $\frac{5}{8}$ km − $\frac{19}{40}$ km = □ · 2.5 m
9. □ − 77.7 cm − 1223 mm = 5 m

10. 9 cm² − 9 mm² = □
11. 10 dm² : □ = 5 cm²
12. 1 km² = 1000 m² + □
13. $\frac{2}{3}$ h + $\frac{3}{4}$ h + $\frac{4}{5}$ h + $\frac{□}{6}$ h = 3 h 3 min
14. 1 d − (□ · $\frac{3}{4}$ h) = $\frac{1}{2}$ d
15. (8 · 6 min 15 s) = 50 h − □

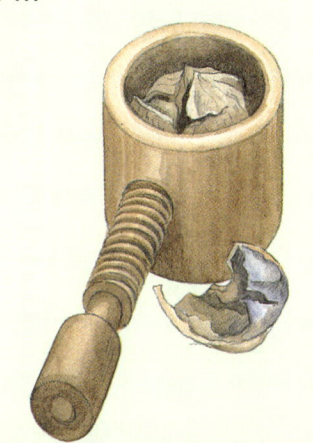

Rechnen auf zwei «Spuren»

Bestimme die Lösungen der folgenden Gleichungen und gib sie als Brüche und als Dezimalzahlen an.

Beispiel:

Brüche Dezimalzahlen

$\frac{20}{40} - \frac{15}{40} - \frac{3}{40} = \frac{2}{40} = \frac{1}{20}$ $\frac{1}{2} = \frac{3}{8} + \frac{3}{40} + \square$ $0{,}5 - 0{,}375 - 0{,}075 = \underline{0{,}05}$

↑ zuerst gleichnamig machen   ↑ zuerst in Dezimalzahlen umwandeln

Prüfe jedes Mal, ob die Lösungen auf den beiden «Spuren» übereinstimmen.

1. □ ← $1 - \frac{3}{10} - \frac{2}{5} - \frac{1}{4} = \square$ → □

2. □ ← $\frac{7}{8} + \frac{3}{4} + \square = 2$ → □

3. □ ← $5 : 8 = \square$ → □

4. □ ← $5 \cdot \frac{3}{25} = 1 - \square$ → □

5. □ ← $\square + \frac{7}{20} + \frac{5}{8} = \frac{5}{4}$ → □

6. □ ← $\frac{17}{20} = (5 \cdot \frac{7}{50}) + \square$ → □

7. □ ← $10 - (\frac{1}{4} + \frac{7}{10} + \square) = 9$ → □

8. □ ← $\frac{9}{15} - \frac{3}{8} = \square$ → □

9. □ ← $0{,}3 + \frac{11}{50} = \square - \frac{12}{25}$ → □

10. □ ← $(5 \cdot \frac{3}{40}) + \square = \frac{3}{4}$ → □

11. □ ← $\frac{9}{10} = \frac{9}{8} - \square$ → □

12. □ ← $7 - (8 \cdot \frac{4}{5}) = \square$ → □

Von Sparschweinen und Geldstücken

1. Julia hat in ihrem Sparschwein 8.90 Fr. Dieser Geldbetrag setzt sich aus Münzen von fünf verschiedenen Werten zusammen. Im Ganzen sind es weniger als 8 Geldstücke.
   Welche Geldstücke sind es und wie viele von jeder Sorte?

2. Für ihre Geschenkkasse sammelt die Mutter Zweifranken-, Einfranken- und Fünfzigrappenstücke. Zufällig sind es im Moment halb so viele Zweifrankenstücke wie Einfrankenstücke und doppelt so viele Fünfzigrappenstücke wie Einfrankenstücke, insgesamt ein Geldbetrag von 54 Fr.
   Wie viele Geldstücke sind es von jeder Sorte?

3. In Marcos Sparschwein hat es nur Fünfzigrappen- und Zehnrappenstücke, im Gesamtwert von 8 Fr. Im Ganzen sind es 28 Geldstücke.
   Wie viele sind es von jeder Sorte?

4. Selina sagt: «Meine 12 Geldstücke ergeben in ganzen Franken mehr als 10 Fr. Ich habe Zweifranken-, Fünfzigrappen- und Zwanzigrappenstücke.»
   Welchen Geldbetrag hat Selina in ihrem Sparschwein?

5. Lea hat in ihrem Sparschwein einen bestimmten Geldbetrag. Ihr Bruder möchte wissen, wie viel. Lea sagt: «Besässe ich lauter Zweifrankenstücke, wären es mehr als 5. Besässe ich lauter Zwanzigrappenstücke, wären es weniger als 80. Besässe ich lauter Einfrankenstücke, wären es mehr als 12.»
   Wie viel Geld besitzt Lea wirklich?

6. In Darios Sparschwein sind 10 Fr., die sich aus Fünfzigrappen- und aus Zwanzigrappenstücken zusammensetzen. Von den Zwanzigrappenstücken hat es eines mehr.
   Wie viele Geldstücke sind es von jeder Sorte?

«Sammelsurium»

1. Löse die folgende Gleichung. – Setze für die Platzhalter ganze Zahlen, die kleiner als 10 sind, ein und zudem die passenden Operationszeichen.
   (5 ○ □) + (8 ○ △) = 54

2. Für vier ganze Zahlen gilt:
   □ + △ = 30,
   □ : 4 = ▽ Rest 3 und
   △ : 9 = ⬡ Rest 2
   Bestimme diese Zahlen.

3. Nimm an, es seien sieben verschiedene Produkte, nämlich
   A, B, C, D, E, F, G, in je gleich schwere Packungen verpackt.
   Bestimme das Gewicht der einzelnen Packungen von jedem Produkt, wenn du weisst:

   5 B und 3 C wiegen im Ganzen 1 kg.
   5 B und 3 E wiegen im Ganzen 850 g.
   3 C und 3 E wiegen im Ganzen 1.05 kg.

   3 A und 2 D wiegen im Ganzen 480 g.
   2 A und 1 D wiegen im Ganzen 0.3 kg.

   4 F und 4 G wiegen im Ganzen 1 kg.
   2 F und 3 G wiegen im Ganzen 0.57 kg.

4. Die Differenz von $\frac{1}{2}$ einer Zahl und $\frac{1}{3}$ derselben Zahl ist um 8 kleiner als $\frac{1}{4}$ dieser Zahl. Bestimme die Zahl.

5. Die Quersumme einer zweistelligen Zahl ist 6. Wenn man die Ziffern dieser Zahl vertauscht und zur neu gebildeten Zahl 6 addiert, erhält man das Doppelte der ursprünglichen Zahl. Wie heisst diese?

6. 24 Fotos 9 cm × 13 cm und 36 Fotos 13 cm × 19 cm kosten zusammen 44.40 Fr. Die grösseren Fotos sind pro Stück 40 Rp. teurer.
Wie viel kostet je eine Foto der beiden Formate?

7. In einer Schachtel befinden sich 162 farbige Bausteine. Es sind doppelt so viele blaue wie gelbe und dreimal so viele rote wie blaue Bausteine. Wie viele sind es von jeder Farbe?

8. Von einer ungeraden dreistelligen Zahl weiss man das Folgende: Das Produkt der drei Ziffern ist 378 und die kleinste Ziffer steht an der Hunderterstelle. – Welche Zahl erfüllt alle Bedingungen?

9. Wie viele verschiedene Sitzordnungen auf den Stühlen sind möglich, wenn stets beide Stühle besetzt werden?

    Beispiel: a_r, B_ℓ

10. 3 ⋆ ⋆ 0
    Durch welche Zahlen muss man die Sternchen ersetzen, damit die so gebildete vierstellige Zahl durch 48 teilbar ist?

11. Auf ihrer Einkaufstour hat Lisa bereits $\frac{1}{5}$ ihres Geldes ausgegeben. Nun kauft sie noch zwei Bücher, von denen das eine 14.60 Fr., nämlich 4.60 Fr. weniger als das andere, kostet. Jetzt bleiben ihr noch 2.20 Fr. Wie viel Geld hatte Lisa mitgenommen?

12. Stephan sagt: «Ich habe zuerst eine Zahl zwischen 0 und 20 aufgeschrieben. Dann habe ich eine zweite Zahl gebildet, indem ich hinter die erste Zahl zwei Nullen setzte. Der Unterschied der beiden Zahlen hat dann 1287 betragen.»
    Mit welcher Zahl hat Stephan begonnen?

13. Ein Velofahrer ist mit konstanter Geschwindigkeit unterwegs. Nachdem er $\frac{1}{3}$ seines Wegs zurückgelegt hat, ist es 14.50 Uhr. Um 15.15 Uhr hat er bereits $\frac{3}{4}$ des Wegs hinter sich. Wann wird er sein Ziel erreichen?

14. In drei Tagen hat Stephanie die 168 Seiten ihres neuen Buches fertig gelesen. Am ersten Tag las sie doppelt so viele Seiten wie am zweiten Tag, am dritten Tag las sie 22 Seiten weniger als am ersten Tag.
Wie viele Seiten las Stephanie an jedem der drei Tage?

15. Ursina und Flurin besitzen zusammen 104 Sportlerbilder. Das Dreifache der Anzahl von Flurins Bildern ist gleich gross wie das Fünffache der Anzahl von Ursinas Bildern.
Wie viele Bilder besitzt jedes?

16. Nimm an, 360 Fr. seien an die Personen A, B, C und D wie folgt zu verteilen: B erhält 30 Fr. weniger als A, C 20 Fr. weniger als B und D 10 Fr. weniger als C. Welchen Geldbetrag erhält jede Person?

17. Eine Geldsumme von 43 Fr. setzt sich aus Fünffranken- und Zweifrankenstücken zusammen. Im Ganzen sind es 14 Geldstücke.
Wie viele sind es von jeder Sorte?

18. Gesucht ist eine vierstellige Zahl. Die Tausenderziffer ist das Vierfache der Zehnerziffer. Die Hunderterziffer ist um 3 grösser als die Einerziffer. Die Einerziffer ist um 2 kleiner als die Tausenderziffer. Die Quersumme ist grösser als 15.

19. Welche vierstelligen Zahlen, die zwischen 4800 und 6200 liegen, kann man mit den Ziffern 9, 8, 6, 4, 2 bilden?

20. Ein Bauer besitzt 100 Tiere, nämlich Rinder, Schafe, Kaninchen und Hühner. Dabei sind es 8 Schafe mehr als Rinder, so viele Kaninchen wie Rinder und Schafe zusammen und halb so viele Hühner wie Kaninchen.
Wie viele Tiere sind es von jeder Art?

21. Ein Rechteck hat einen Umfang von 46 cm und einen Flächeninhalt von 1.2 dm^2.
Bestimme Länge und Breite dieses Rechtecks.

22. In jeder von sechs Schachteln befinden sich gleich viele Bleistifte. Nimmt man aus jeder Schachtel 9 Bleistifte heraus, bleiben in den sechs Schachteln im Ganzen so viele Bleistifte übrig, wie vorher in drei Schachteln enthalten waren.
Wie viele Bleistifte befanden sich am Anfang in jeder Schachtel?

23. Die 6 Heimspiele des FCS wurden im Durchschnitt von 3960 Personen/Spiel besucht. Wären beim 7. Heimspiel noch 980 Personen mehr erschienen, als dies tatsächlich der Fall war, hätte eine durchschnittliche Besucherzahl von 4050 Personen/Heimspiel erreicht werden können. Wie viele Personen besuchten das 7. Heimspiel?

24. Wer den Turm der Kathedrale von F. besteigen möchte, muss eine Eintrittskarte kaufen. Für Erwachsene kostet der Eintritt 5 Fr., für Kinder die Hälfte. – Für die 14 Personen einer Besuchergruppe kosten alle Karten zusammen 55 Fr. Wie viele Erwachsene und wie viele Kinder gehören zur Gruppe?

25. Wie viele verschiedene Sitzordnungen sind auf den Stühlen möglich, wenn stets alle Stühle besetzt werden und die Dame in jedem Fall auf einem Sitz Platz nehmen soll?

Lösungen zu den Förderaufgaben

Wie heissen die beiden Zahlen? (Seite 170)

1. 1. Zahl: **48**
   2. Zahl: **24**

2. 1. Zahl: **24**
   2. Zahl: **96**

3. 1. Zahl: **16**
   2. Zahl: **40**

4. 1. Zahl: **14**
   2. Zahl: **65**

5. 1. Zahl: **4**
   2. Zahl: **44**

6. 1. Zahl: **46**
   2. Zahl: **14**

7. 1. Zahl: **144**
   2. Zahl: **50**

8. 1. Zahl: **192**
   2. Zahl: **48**

9. 1. Zahl: **84**
   2. Zahl: **12**

Das grosse Punkteverteilen (Seite 171)

1. **A** bekommt **252 Checks**; das sind **2520 Punkte**.
   B bekommt ebenfalls **252 Checks**; das sind **2520 Punkte**.

2. **A** wird **630 Checks** bekommen; das sind **1890 Punkte**.
   B wird ebenfalls **630 Checks** bekommen; das sind aber **3150 Punkte**.

3. **A** wird **32 Checks** bekommen; das sind **2560 Punkte**.
   B wird **31 Checks** bekommen; das sind **2480 Punkte**.

4. **A** wird **34 Checks** bekommen; das sind **3060 Punkte**.
   B wird **33 Checks** bekommen; das sind **1980 Punkte**.

5. Es sind **6 Durchgänge** nötig.
   A und **B** werden im letzten Durchgang **je 720 Punkte** bekommen.

6. Im ersten Durchgang muss man sowohl **A** als auch **B 168 Punkte** geben.

Teiler von ganzen Zahlen (Seite 172)

1. 15, 21, 27 (3 Lösungen)
2. 118
3. 66, 88, 110 (3 Lösungen)
4. 117
5. 48
6. 36, 100 (2 Lösungen)
7. 16, 81 (2 Lösungen)
8. 120
9. 64
10. 16, 25, 36, 49, 64, 81
    Alle 6 Lösungen sind **Quadratzahlen**.
11. 6
12. 24

Vieles dreht sich um den Unterschied (Seite 173)

1. 1000
2. 36 und 64
3. 45 und 70
4. 19 und 57
5. 180
6. 81
7. 25
8. 144 und 288
9. 18, 36 und 72
10. 24
11. 104

Was alles möglich ist (Seite 174)

1. 8 verschiedene Sitzordnungen
2. 8 Möglichkeiten
3. 9 Möglichkeiten
4. 11 verschiedene Punktzahlen wären möglich.
5. 10 Arten

Die richtige Anzahl oder der richtige Typ (Seite 175)

1. 8 Karten vom **Typ C** (für 12.80 Fr.), 8 Karten vom **Typ A** (für 19.20 Fr.)

2. Lisa: 12 Karten vom **Typ C** (für 19.20 Fr.)

3. Vera und Eva: 4 Karten vom **Typ B** oder 9 Karten vom **Typ C** (für 14.40 Fr.)

4. 15 Karten vom **Typ A** oder 24 Karten vom **Typ D** oder 10 Karten vom **Typ B** (für 36 Fr.)

5. je 8 Karten vom **Typ A** und vom **Typ C** (für 32 Fr.)

6. Markus: 5 Karten vom **Typ C** und 8 Karten vom **Typ D** (für 20 Fr.)

7. Andrea: je 3 Karten vom **Typ B**, vom **Typ C** und vom **Typ D** (für 20.10 Fr.)

8. Thomas: 2 Karten vom **Typ A** und 12 Karten vom **Typ C** (für 24 Fr.)

Über Abfüllmaschinen (Seiten 176 und 177)

Die Abfüllmaschinen würden im Ganzen abfüllen:
1. **7200** Gläser
2. **16 200** Gläser
3. **12 000** Gläser
4. **12 600** Gläser
5. **9900** Gläser
6. **13 500** Gläser
7. Die beiden Abfüllmaschinen müssten mindestens **5 h** in Betrieb sein.
8. Es würde **7 h** dauern.
9. Es würde **5 h** dauern.
10. Es würde **3 h 40 min** dauern.
11. Es wären **3 h 30 min** nötig.
12. Es würde **2 h 20 min** dauern.
13. Es würde **3 h** dauern.
14. Es würde **2 h 48 min** dauern.

Bruchteile von Würfeln (Seite 178)

1. a) $\frac{1}{3}$ b) $\frac{1}{9}$ c) $\frac{4}{9}$

2. a) $\frac{1}{2}$ b) $\frac{1}{4}$ c) $\frac{1}{4}$ d) $\frac{3}{4}$ e) $\frac{3}{8}$

3. a) $\frac{2}{5}$ b) $\frac{1}{5}$

Quader und Würfel (Seite 179)

1. a) 12 Würfel
   b) vier blaue Flächen: 0 Würfel
      drei blaue Flächen: 8 Würfel
      zwei blaue Flächen: 4 Würfel
      eine blaue Fläche: 0 Würfel
      keine blaue Fläche: 0 Würfel
   c) 160 cm²

2. a) 36 Würfel
   b) vier blaue Flächen: 0 Würfel
      drei blaue Flächen: 8 Würfel
      zwei blaue Flächen: 16 Würfel
      eine blaue Fläche: 10 Würfel
      keine blaue Fläche: 2 Würfel
   c) 600 cm²

3. a) 80 Würfel
   b) vier blaue Flächen: 0 Würfel
      drei blaue Flächen: 8 Würfel
      zwei blaue Flächen: 28 Würfel
      eine blaue Fläche: 32 Würfel
      keine blaue Fläche: 12 Würfel
   c) 1472 cm²

Vom grossen Ganzen zum Einzelnen – und umgekehrt! (Seiten 180 und 181)

1.

	A	B	C
a)	400	250	250
b)	250	350	300
c)	240	540	120
d)	300	300	300
e)	250	150	500

2.

	A	B	C
a)	420	210	210
b)	220	280	340
c)	120	240	480
d)	260	290	290
e)	360	280	200

3.

	Gesamtwert	A	B	C
a)	800	240	480	80
b)	864	288	216	360
c)	800	200	320	280
d)	576	48	96	432

4.

	Gesamtwert	A	B	C
a)	1820	260	520	1040
b)	740	320	240	180
c)	760	480	160	120
d)	960	470	320	170

«Studieren geht über Probieren» (Seite 182)

1. $675.108 - 200 = $ **475.108**
2. $3 \cdot 50 = $ **150**
3. $100 \cdot 13.879 = $ **1387.9**
4. $100 \cdot 7.068 = $ **706.8**
5. $271.2 : 100 = $ **2.712**
6. $300 + 1 + 30 = $ **331**
7. $1000 \cdot 49.88 = $ **49 880**
8. $10 \cdot 12.74 = $ **127.4**
9. $421 : 1000 = $ **0.421**
10. $100 \cdot 7.8 = $ **780**

Aufgepasst auf die Masseinheiten! (Seite 182)

1. 60.52 m
2. 851 314 cm^2 = 85.1314 m^2
3. 1809 cm = 18.09 m
4. 73 188 cm^2 = 731.88 dm^2
5. 35
6. 350
7. 12 500
8. 25

9. Temperaturunterschied: **12 Grad** (Celsius)

10. a) Gipfel des Matterhorns: **4476.4 m** über Meer
    b) Höhenunterschied: **2860.4 m**

Anschläge geben den Ausschlag (Seiten 183 und 184)

1. a) Die ganze Abschreibarbeit würde (mindestens) **31 min** erfordern.
   b) Die Mutter müsste **150 Anschläge pro min** fertig bringen.
   c) Lisa müsste **45 min** schreiben.
   d) Der grosse Bruder würde **30 min** benötigen.
   e) Der kleine Bruder hätte **1 h 15 min**.
   f) Die Mutter würde **15 min** benötigen.

2. a) Es dürften **900 Anschläge** sein.
   b) Es dürften **576 Anschläge** sein.
   c) Es stünden **15 Zeilen** zur Verfügung.

3. a) Es wären mindestens **32 Zeilen** nötig.
   b) Der Text würde mindestens **20 Zeilen** beanspruchen.
   c) Es wären mindestens **14 Zeilen**.
      Textverteilung: **13 Zeilen** zu 60 Anschlägen und **1 Zeile** mit 20 Anschlägen
   d) Pro Zeile würde es mindestens **80 Anschläge** beanspruchen.
   e) Auf jeder Zeile hätte es **52 Anschläge**.

Es heisst richtig kombinieren (Seite 185)

1. **11 Mädchen** und **14 Knaben**

2. 15 Kinder sprechen **deutsch**, 10 Kinder **anders**.

3. 2 Kinder haben etwas zum Essen **und** etwas zum Trinken bei sich.

4. 1 Kind spielt **weder** ein Musikinstrument, **noch** treibt es Sport in einer Jugendgruppe.

5. 3 Kinder haben (mindestens) ein Haustier **und** ein eigenes Stück Garten.

6. **16 Kinder** werden eine 3, **9 Kinder** eine 5 vorfinden.

Von Umfang zu Umfang (Seiten 186 und 187)

1. Umfang der blauen Figur: **100 cm**

2. Umfang der blauen Figur: **128 cm**

3. Umfang der blauen Figur: **70 cm**

4. Umfang eines einzelnen Quadrats: **56 cm**

5. Umfang der Kreuzfigur: **60 cm**

6. Seitenlänge des Bildes: **26 cm**

7. Ordnung: E > B = F > A = D > C

8.
	Grösse der Längsseite von	Grösse der Breitseite von
A:	**15 cm**	**3 cm**
B:	**6 cm**	**3 cm**
C:	**15 cm**	**6 cm**
D:	**15 cm**	**15 cm**

9. blaues Rechteck: Längsseite: **9.5 cm**
   Breitseite: **7.5 cm**

10. Gegebenes Rechteck: **22 cm** lang und **18 cm** breit.

Seitenlängen und Umfang (Seiten 188 und 189)

1. Umfang des blauen Rechtecks: 12.8 cm
2. Umfang der blauen Figur: 56 cm
3. Umfang des blauen Rechtecks: 32 cm
4. Umfang des blauen Rechtecks: 26.6 cm
5. Umfang des blauen Rechtecks: 5.6 cm
6. a) Seitenlänge des mittleren Quadrats: 20 cm
   b) Flächeninhalt des blauen «Rahmens»: 256 cm²
7. Längsseite des Rechtecks: 13.4 cm
   Breitseite des Rechtecks: 6.7 cm
8. Längsseite des Rechtecks: 8.5 cm
   Breitseite des Rechtecks: 6.5 cm
9. Längsseite des Rechtecks: 2.1 m
   Breitseite des Rechtecks: 1.4 m
10. Umfang eines Teilrechtecks: 4.5 m
11. Längsseite des Rechtecks: 3.8 cm
    Breitseite des Rechtecks: 1.9 cm
12. Längsseite des Rechtecks: 20.4 cm
    Breitseite des Rechtecks: 6.8 cm

Na und? – Na gut! (Seiten 190 und 191)

1. Die zur Verfügung stehenden Korkleinen **reichen** genau **aus**.

2. **a)** Es bleiben **21 m** Spannnetz **übrig**.
   b) Es **fehlt 1** Plastikpflock.

3. Es bleiben **8 m** Leine **übrig**.

4. Herr Schmid hat fälschlicherweise 85.5 m statt **58.5 m** aufgeschrieben.

5. Von den 421 Hagebuchen würden noch **16 Stück übrig** bleiben.

6. Spannteppich: Das Reststück ist **20 cm zu breit**, weil der Fussboden nur 3 m × 4.5 m misst.

Gleichungen mit Grössen – Knacknüsse? (Seite 191)

1. 760
2. 0.1 kg
3. 10 g
4. 125
5. 3003 ml = 300.3 cl = 3.003 l
6. 4.5 cl = 45 ml
7. 880 m
8. 4
9. 7 m
10. 891 mm^2 = 8.91 cm^2
11. 200
12. 999 000 m^2 = 0.999 km^2
13. 5
14. 16
15. 2950 min = 49 h 10 min

Rechnen auf zwei «Spuren» (Seite 192)

1. $\frac{20}{20} - \frac{6}{20} - \frac{8}{20} - \frac{5}{20} = \frac{1}{20}$ $1 - 0.3 - 0.4 - 0.25 =$ **0.05**

2. $\frac{16}{8} - \frac{7}{8} - \frac{6}{8} = \frac{3}{8}$ $2 - 0.875 - 0.75 =$ **0.375**

3. $\frac{5}{8}$ **0.625**

4. $\frac{25}{25} - \frac{15}{25} = \frac{10}{25} = \frac{2}{5}$ $1 - (5 \cdot 0.12) = 1 - 0.6 =$ **0.4**

5. $\frac{50}{40} - \frac{14}{40} - \frac{25}{40} = \frac{11}{40}$ $1.25 - 0.35 - 0.625 =$ **0.275**

6. $\frac{85}{100} - \frac{70}{100} = \frac{15}{100} = \frac{3}{20}$ $0.85 - 0.7 =$ **0.15**

7. $\frac{20}{20} - \frac{5}{20} - \frac{14}{20} = \frac{1}{20}$ $1 - 0.25 - 0.7 =$ **0.05**

8. $\frac{72}{120} - \frac{45}{120} = \frac{27}{120} = \frac{9}{40}$ $0.6 - 0.375 =$ **0.225**

9. $\frac{15}{50} + \frac{11}{50} + \frac{24}{50} = \frac{50}{50} = 1$ $0.3 + 0.22 + 0.48 =$ **1**

10. $\frac{30}{40} - \frac{15}{40} = \frac{15}{40} = \frac{3}{8}$ $0.75 - 0.375 =$ **0.375**

11. $\frac{45}{40} - \frac{36}{40} = \frac{9}{40}$ $1.125 - 0.9 =$ **0.225**

12. $\frac{35}{5} - \frac{32}{5} = \frac{3}{5}$ $7 - 6.4 =$ **0.6**

Von Sparschweinen und Geldstücken (Seite 193)

1. Julia:

Werte:	5 Fr.	2 Fr.	1 Fr.	50 Rp.	20 Rp.	10 Rp.	5 Rp.	Stücke
	1	1	1	1	2	–	–	6
	1	1	1	1	1	2	–	7
	1	1	–	3	2	–	–	7
	1	–	3	1	2	–	–	7
	–	4	–	1	2	–	–	7

2. Mutter:

Werte:	2 Fr.	1 Fr.	50 Rp.	
	9	18	36	Stücke

3. Marco:

Werte:	50 Rp.	10 Rp.	
	13	15	Stücke

4. Selina: Werte: 2 Fr.   50 Rp.   20 Rp.   Geldbetrag
                   5   2   5   **12 Fr.**

5. Lea: Werte: 2 Fr.   1 Fr.   20 Rp.
                   >5   >12   <80,
           also Geldbetrag zwischen 12 Fr. und 16 Fr.
   Lea besitzt **14 Fr.**

6. Dario: Es sind **14** 50-Rp.-Stücke und **15** 20-Rp.-Stücke.

«Sammelsurium» (Seiten 194 bis 197)

1. 5 Lösungen:
   $(5 \cdot 6) + (8 \cdot 3) = 54$ oder $(5 \cdot 8) + (8 + 6) = 54$ oder
   $(5 \cdot 9) + (8 + 1) = 54$ oder $(5 + 9) + (8 \cdot 5) = 54$ oder
   $(5 + 1) + (8 \cdot 6) = 54$

2. $19 + 11 = 30$, $19 : 4 = 4_{\text{Rest 3}}$ und $11 : 9 = 1_{\text{Rest 2}}$

3. Paket A: **120 g**   Paket D: **60 g**   Paket G: **70 g**
   Paket B: **80 g**   Paket E: **150 g**
   Paket C: **200 g**   Paket F: **180 g**

4. **96**

5. **24**

6. Jede kleinere Foto kostet **50 Rp.**, jede grössere **90 Rp.**

7. Es sind **18 gelbe**, **36 blaue** und **108 rote** Bausteine.

8. **679, 697**

9. Es sind **12** verschiedene Sitzordnungen möglich.

10. **3120, 3360, 3600, 3840**

11. Lisa hat **45 Fr.** mitgenommen.

12. Stephan hat mit der Zahl **13** begonnen.

13. Der Velofahrer wird sein Ziel **15.30 Uhr** erreichen.

14. Stephanie las am ersten Tag **76** Seiten, am zweiten **38** Seiten und am dritten Tag **54** Seiten.

15. **Ursina** besitzt **39** Bilder, **Flurin** besitzt **65** Bilder.

16. **A** erhält **125 Fr.**, **B** erhält **95 Fr.**, **C** erhält **75 Fr.** und **D** erhält **65 Fr.**

17. Es sind **5** 5-Fr.-Stücke und **9** 2-Fr.-Stücke.

18. 8926

19. 4896   4869   4892   4829   4862   4826
     4986   4968   4982   4928   4962   4926

20. Es sind **16** Rinder, **24** Schafe, **40** Kaninchen und **20** Hühner.

21. Länge der Längsseite des Rechtecks: **15 cm**
      Länge der Breitseite des Rechtecks: **8 cm**

22. Am Anfang befanden sich **18** Bleistifte in jeder Schachtel.

23. **3610** Personen besuchten das 7. Heimspiel.

24. Zur Gruppe gehören **8 Erwachsene** und **6 Kinder**.

25. Es sind **36** verschiedene Sitzordnungen möglich.

Kleiner Ratgeber

Falls du von einem wichtigen Begriff nicht mehr weisst, was er bedeutet, so wird dir dieser kleine Ratgeber mit Erklärungen und Beispielen weiterhelfen.
Ab und zu taucht das Zeichen ☞ auf. Es bedeutet, dass der Begriff, auf den der Finger zeigt, im Ratgeber erklärt wird.

addieren (Addition)
Addieren heisst zuzählen oder zusammenzählen, z.B. $15 + 8 = 23$.
Das Plus-Zeichen ist ein ☞ Operationszeichen.

Bruch
$\frac{3}{4}$ ist ein Bruch und bedeutet den ☞ Quotienten $3 : 4$. Also: $\frac{3}{4} = 3 : 4$.
Die Zahl 3 über dem Bruchstrich heisst **Zähler**, die Zahl 4 unter dem Bruchstrich heisst **Nenner**. Brüche mit gleichem Nenner heissen **gleichnamig**.
Wenn zwei Brüche gleich grosse Teile einer Kreisfläche beschreiben, dann sprechen wir von **gleichwertigen Brüchen**.
Beispiel: $\frac{1}{4}$ und $\frac{4}{16}$ sind gleichwertige Brüche.
Wenn der Zähler eines Bruchs grösser als sein Nenner ist, dann schreibt man den Bruch oft als **gemischte Zahl**.
Beispiel: $\frac{18}{5} = \frac{15}{5} + \frac{3}{5} = 3 + \frac{3}{5} = 3\frac{3}{5}$
$3\frac{3}{5}$ ist eine gemischte Zahl.

Dezimalbruch
Ein ☞ Bruch mit dem Nenner 10 oder 100 oder 1000 usw. heisst Dezimalbruch.
Beispiele: $\frac{7}{10}$, $\frac{13}{100}$, $\frac{605}{1000}$, $\frac{3}{10000}$

Dezimale
☞ Dezimalzahl

Dezimalzahl
Wenn man einen ☞ Dezimalbruch in dezimaler Schreibweise darstellt, so spricht man von Dezimalzahl.

Beispiele: $\frac{7}{10} = 0.7$, $\frac{13}{100} = 0.13$, $\frac{605}{1000} = 0.605$, $\frac{3}{10\,000} = 0.0003$

Der Dezimalpunkt steht zwischen den Einern und den Zehnteln. Die Ziffern rechts vom Dezimalpunkt heissen **Dezimalen** oder auch Dezimalstellen.

Differenz
$15 - 8$ heisst Differenz, aber auch der ausgerechnete ☞ Term $15 - 8$, also 7, heisst Differenz.
Weil für uns keine Differenz kleiner als null ist, muss die Zahl, von der man ☞ subtrahiert, stets ☞ mindestens so gross sein wie diejenige, die man wegzählt.
Oft sagen wir statt «Bestimme die Differenz von 15 und 8.» auch «Bestimme den **Unterschied** von 15 und 8.».

dividieren (Division)
Dividieren heisst teilen, z.B. $120 : 8 = 15$. Das Durch-Zeichen ist ein ☞ Operationszeichen.

durchschnittlich
In einem Zug haben im ersten Wagen (W.) 45 Personen (P.), im zweiten Wagen 70, im dritten 35 und im vierten Wagen 90 Personen Platz genommen. Das sind insgesamt 240 Personen. Dann sagt man, in jedem der vier Wagen habe es durchschnittlich 60 Personen, weil 240 P. : 4 W. = 60 P./W.

Einheitsgrösse
☞ Grösse

Endziffer
In der Zahl 2309 ist **9** die Endziffer.

erweitern
Erweitern eines Bruchs heisst seinen Zähler **und** seinen Nenner mit der gleichen Zahl ($\neq 0$) ☞ multiplizieren, z.B. $\frac{5}{6} = \frac{5 \cdot 7}{6 \cdot 7} = \frac{35}{42}$.

Flächeninhalt
Die Grösse einer Fläche (einer Figur) nennen wir Flächeninhalt. Man gibt ihn z.B. mit den ☞ Masseinheiten mm², cm², m², km² an. So beträgt z.B. der Flächeninhalt eines 4 cm langen und 3 cm breiten Rechtecks 12 cm².

gemischte Zahl
☞ Bruch

gerade Zahl
Jede Zahl, die durch 2 ☞ teilbar ist, heisst gerade Zahl.
0, 2, 4, 6, ... sind gerade Zahlen.
Jede Zahl, die nicht durch 2 teilbar ist, heisst **ungerade Zahl**.
1, 3, 5, 7, ... sind ungerade Zahlen.

Geschwindigkeit
Wenn ein Wanderer z.B. in 3 Stunden 13.5 km einer Wegstrecke zurücklegt, dann sagt man, er sei durchschnittlich mit einer Geschwindigkeit von 4.5 km pro Stunde marschiert, und schreibt dafür 4.5 km/h.

gleichnamig
☞ Bruch

Gleichung
Beispiele für Gleichungen sind: ① 12 + 3 = □, ② 12 + □ = 15,
③ 12 − 3 = □, ④ 3 · □ = 12, ⑤ 12 : 3 = □, ⑥ $\frac{3}{4}$ von 12 = □.

In jeder dieser «Rechnungen» hat es ein Gleichheitszeichen und einen ☞ Platzhalter.
Wenn du für den Platzhalter in der Gleichung ① 15 einsetzt, dann hast du die Gleichung gelöst. 15 ist die Lösung der Gleichung.
3 ist die Lösung der Gleichung ②, 9 die Lösung von ③, 4 diejenige von ④, 4 die Lösung der Gleichung ⑤, und 9 ist die Lösung der Gleichung ⑥.

gleichwertig
☞ Term

gleichwertige Brüche
☞ Bruch

Grösse
3 m ist eine Grösse. **3** heisst **Mass-Zahl**, **m** heisst **Mass-Einheit** der Grösse.
Weitere Beispiele für Grössen sind: 5 Fr., 12 kg, 7 l, 24 h, 600 m².
5, 12, 7, 24, 600 sind die Masszahlen und Fr., kg, l, h, m² die Masseinheiten
dieser Grössen. **1** m, **1** Fr., **1** kg, **1** l, **1** h, **1** m² heissen **Einheitsgrössen**,
weil die Masszahl überall **1** ist.

Grundwert
☞ Prozent

höchstens
Christa ist höchstens so gross wie Felix. Das bedeutet: Christa ist kleiner
oder gleich gross wie Felix.

kürzen
Kürzen eines Bruchs heisst seinen Zähler **und** seinen Nenner durch die
gleiche Zahl ($\neq 0$) ☞ dividieren, z. B. $\frac{35}{42} = \frac{35:7}{42:7} = \frac{5}{6}$.
Wenn ein Bruch nur mit 1 gekürzt werden kann, dann nennen wir ihn
vollständig gekürzt, z. B. $\frac{5}{6}$. Folglich ist z. B. $\frac{35}{42}$ noch nicht vollständig
gekürzt.

Mass-Einheit
☞ Grösse

Mass-Zahl
☞ Grösse

mindestens
Christa ist mindestens so gross wie Felix. Das bedeutet: Christa ist grösser
oder gleich gross wie Felix.

multiplizieren (Multiplikation)
Multiplizieren heisst vervielfachen, z. B. 8 · 15 = 120. Das Mal-Zeichen ist
ein ☞ Operationszeichen.

Nenner
☞ Bruch

Operation
Wenn du ☞ addierst, ☞ subtrahierst, ☞ multiplizierst oder ☞ dividierst, dann **führst** du eine Operation **aus**, z.B. 12 + 3, 12 − 3, 3 · 12, 12 : 3.

Operationszeichen
Die Zeichen «+», «−», «·», «:» heissen Operationszeichen.

Platzhalter
Die Zeichen □, ○, ◇, △ sind Platzhalter. Sie halten in der Regel den Platz für eine Zahl, jedoch auch für ☞ Operationszeichen oder für die Beziehungszeichen «>», «<», «=».

Primzahl
Eine Zahl grösser als 1, die nur durch 1 und durch sich selbst ☞ teilbar ist, heisst Primzahl. Sie hat genau zwei verschiedene ☞ Teiler. (Folglich ist 1 keine Primzahl und 2 die einzige gerade Primzahl.)

Produkt
8 · 15 heisst Produkt, aber auch der ausgerechnete ☞ Term 8 · 15, also 120, heisst Produkt. 8 ist hier der Vervielfacher.

Prozent
Unter 1 Prozent von z.B. 200 km² versteht man $\frac{1}{100}$ von 200 km². Man schreibt
1% von 200 km² = $\frac{1}{100}$ von 200 km² = 2 km².
Die Grösse 200 km² heisst **Grundwert** und die Grösse 2 km² heisst **Prozentwert**.

Prozentwert
☞ Prozent

Quadratzahl
Eine Quadratzahl erhält man, wenn man eine Zahl mit sich selbst vervielfacht: **1** = 1 · 1, **4** = 2 · 2, **9** = 3 · 3, **16** = 4 · 4, **25** = 5 · 5 usw.

Quersumme
Die Quersumme von 2309 ist 2 + 3 + 0 + 9 = 14.

Quotient
120 : 8 heisst Quotient, aber auch der ausgerechnete ☞ Term 120 : 8, also 15, heisst Quotient. 8 ist hier der ☞ Teiler.

runden
Besonders ☞ Dezimalzahlen mit mehreren ☞ Dezimalen werden manchmal auf wenige Stellen auf- oder abgerundet. Dabei gilt in der Regel: 1, 2, 3, 4 werden abgerundet, 5, 6, 7, 8, 9 aufgerundet.

Beispiel:
Man runde 17.845 auf zwei Dezimalen genau: 17.85 (**auf**gerundet)
Man runde 17.845 auf eine Dezimale genau: 17.8 (**ab**gerundet)
Man runde 17.845 auf die Zehnerzahl genau: 20 (**auf**gerundet)

Spalte
Die senkrechten Reihen in einer rechteckigen Anordnung von Zahlen heissen Spalten, die waagrechten heissen **Zeilen**.

Beispiel:

1	4	9	16	25	← 1. Zeile
1	8	27	64	125	← 2. Zeile
1	16	81	256	625	← 3. Zeile
↑	↑	↑	↑	↑	
1. Spalte	2. Spalte	3. Spalte	4. Spalte	5. Spalte	

Stellenwert
Man sagt, in der Zahl 7105 stehe die Ziffer 5 an erster Stelle, die Ziffer 0 an zweiter Stelle usw.
5 bedeutet 5 Einer (5 **E**), 0 bedeutet 0 Zehner (0 **Z**), 1 bedeutet 1 Hunderter (1 **H**) und 7 bedeutet 7 Tausender (7 **T**).
Darum hat 5 den Stellenwert von **E**inern und den **Ziffernwert** 5, 0 den Stellenwert von **Z**ehnern und den Ziffernwert 0, 1 den Stellenwert von **H**undertern und den Ziffernwert 100 und schliesslich 7 den Stellenwert von **T**ausendern und den Ziffernwert 7000.

subtrahieren (Subtraktion)
Subtrahieren heisst wegzählen, z.B. 15 − 8 = 7. Das Minus-Zeichen ist ein ☞ Operationszeichen.

Summe
15 + 8 heisst Summe, aber auch der ausgerechnete ☞ Term 15 + 8, also 23, heisst Summe.

teilbar
6 : 1 = 6, 6 : 2 = 3, 6 : 3 = 2, 6 : 6 = 1, aber 6 : 4 geht nicht auf. Man sagt deshalb: 6 ist durch 1, 2, 3 und durch 6 teilbar, aber 6 ist nicht durch 4 teilbar. Darum heissen 1, 2, 3 und 6 die **Teiler** von 6. 1, 3, 5, 15 sind die Teiler von 15 und folglich 1 und 3 die gemeinsamen Teiler von 6 und 15.

Teiler
☞ teilbar

Term
Alle Zahlen und alle Rechenausdrücke sind Terme, z.B. 0, 1, 2, 3, 4, $\frac{1}{2}$, $\frac{3}{4}$, $\frac{4}{3}$; 12 + 3, 12 − 3, 3 · 12, 12 : 3; 24 − (12 − 3), 5 · (12 − 3).
Aber 12 + 3 = ☐ ist kein Term, sondern eine ☞ Gleichung.
Wenn man einen Term ausrechnet, erhält man den **Wert** des Terms. Der Wert des Terms 12 + 3 ist 15. Der Term 24 − (12 − 3) hat den gleichen Wert, nämlich auch 15. Man sagt deshalb, die Terme 12 + 3 und 24 − (12 − 3) sind **gleichwertig**.

Umfang
Die Länge der Begrenzungslinie einer Figur heisst Umfang. So beträgt z.B. der Umfang eines 4 cm langen und 3 cm breiten Rechtecks 14 cm, nämlich die Summe der vier Seitenlängen.

ungerade Zahl
☞ gerade Zahl

Ungleichung
Beispiele für Ungleichungen sind: ① ☐ < 6, ② ☐ > 2, ③ 6 + ☐ < 10, ④ 2 · ☐ < 6, ⑤ 12 : ☐ > 3.
In jeder dieser «Rechnungen» hat es ein Kleiner- oder Grösser-Zeichen und einen ☞ Platzhalter. Wenn du für ☐ z.B. nur 1, 2, 3, 4 einsetzen darfst, dann sind in ① 1, 2, 3, 4 die Lösungen, in ② 3, 4, in ③ 1, 2, 3, in ④ 1, 2, und schliesslich sind in ⑤ die Zahlen 1, 2, 3 die Lösungen.

Unterschied
☞ Differenz

Vielfaches
6 ist ein Vielfaches von 1, 2, 3 und von 6, nämlich das 6fache von 1, das 3fache von 2, das 2fache von 3 und das 1fache von 6.

vollständig kürzen
☞ kürzen

von … bis …
Bestimme die Zahlen von 3 bis 8.   Richtige Antwort: **3**, 4, 5, 6, 7, **8**.
Bestimme die Zahlen **zwischen** 3 und 8. Richtige Antwort: 4, 5, 6, 7.

Wert eines Terms
☞ Term

Zähler
☞ Bruch

Zeile
☞ Spalte

Ziffernwert
☞ Stellenwert

zwischen
☞ von … bis …

Inhaltsverzeichnis

3	**Erweiterung des Zahlenbereichs bis 1 000 000**	
3	Ein Lehr- und Trainingspfad	
4	Rechenschritte vorwärts und rückwärts	
4	Welcher Operator zu welcher Zahl?	
5	Zahlen der Grösse nach ordnen	
5	Zahlen bestimmen	
6	Summen bilden	
6	Differenzen zweier Zahlen	
7	Wie heissen die passenden Zahlen?	
8	Potztausend mal 1000!	
8	Zahlwörter-Puzzle	
9	Was fehlt noch zu einer Million?	
9	Verdoppeln, verdoppeln, verdoppeln …	
10	Im Reich der Million(en)	
13	«Eine Million Zeit»	

15	**Proportionalität und umgekehrte Proportionalität**	
16	Textaufgaben	
17	Manches kann man mit Rosen sagen …	
19	Es bleibt noch bei den Rosen …	
20	Bald in einem Schritt, bald in zwei Schritten	
21	*Wenn* es für das eine gilt, *dann* gilt es auch für das andere	

22	**Wiederholungsaufgaben**	
22	Alle Operationen bunt gemischt	
22	Wie heisst die Zahl?	
23	Rechnen mit Dezimalzahlen	
23	Wort und Zahl	
24	Rechnen mit Grössen	
25	«Durchschnittlich» – in verschiedenen Situationen	
26	Bald dies, bald das	
27	Zwischenhalt	

30	**Proportionalität und umgekehrte Proportionalität**	
30	Wolfgang Amadeus Mozart (1756–1791)	
32	Eines folgt aus dem anderen	
34	Es hängt davon ab …	
36	Die entsprechenden Schlüsse ziehen	
37	Die Fragen liegen in der Luft	

38	**Bruchrechnen**	
38	Alles aus dem gleichen Grundmuster	
39	Bruch-Teile benennen	
40	Zahlenkarten mit gleichwertigen Brüchen	
40	Zähler und Nenner gesucht	
41	Erweitern	
41	Kürzen, was zu kürzen ist	
42	«Schwierige» Brüche kürzen	
44	End-Ergebnisse vollständig kürzen	

45	Kleiner als – gleich – grösser als
46	Ganze und Brüche – gemischte Zahlen
47	Brüche vervielfachen und teilen
48	Kürzen ist nicht Teilen
49	Erweitern ist nicht Vervielfachen
50	Kürzen – teilen – erweitern – vervielfachen
50	Ungleichnamige Brüche – Ungleiches vergleichbar machen
52	Brüche vergleichen
52	Ergänzen auf 1
53	Bruchrechnen mit allen Registern
54	Auf Direktflügen über Europa
55	Leicht verhext
56	Zwischenhalt

59	**Addition und Subtraktion im Zahlenbereich bis 1 000 000**
59	Addieren und subtrahieren mit Variationen
60	Addieren oder subtrahieren?
61	Addieren und subtrahieren
62	Dezimalzahlen
63	Richtig aufgeschrieben ist halb gerechnet
64	Mit der Bahn unterwegs

66	**Multiplikation und Division im Zahlenbereich bis 1 000 000**
66	Und wieder ist das Einmaleins wichtig
67	Gleiche Ziffern – verschiedene Terme
67	Verschiedene Wege führen zum Ziel
68	Multiplizieren von Grössen
69	Schriftliches Multiplizieren
70	Schriftliches Multiplizieren mit dreistelligen Zahlen
71	Multiplizieren von Dezimalzahlen
72	Grössen multiplizieren
73	Grosse Zahlen dividieren
74	Verschiedene Wege beim Dividieren
75	Die Teiler einer ganzen Zahl
76	Primzahlen
77	Schriftliches Dividieren
79	Schriftliches Dividieren – kunterbunt gemischt
80	Vertrackte Verteilungen
81	Dieselben Zahlen – verschiedene Rechnungen
82	Runden von Höhenangaben
84	Runden von Quotienten
85	Quotient – Bruch – Dezimalzahl
86	Vom Bruch zur Dezimalzahl
86	Von der Dezimalzahl zum Bruch
87	Nicht abbrechende Dezimalzahlen

88	**Textaufgaben**
88	Kurz und bündig
89	Die Frage lautet …
90	Vom einen aufs andere schliessen
91	Und die Fragen?
93	Nochmals fehlen die Fragen
95	Zum Beispiel «Tempo 60»
96	Rechnen mit Geschwindigkeiten
97	**Flächen**
97	Flächen und ihre Begrenzungslinien
98	Berechnung des Umfangs von Rechteck und Quadrat
99	Flächeninhalte vergleichen
101	Flächen messen
102	Alle Flächenmasseinheiten auf einen Blick
103	Flächeninhalte bestimmen – Seitenlängen bestimmen
105	Umfang und Flächeninhalt
106	Der Quadratkilometer
107	Ein Rechteck wird vielfach verändert
109	**Wiederholungsaufgaben**
109	Gleichungen
109	Wie heisst die Zahl?
110	Welcher Term passt?
110	Schlüsselbretter
111	Operationen mit Grössen
111	Abfüllen, kaufen, wägen …
112	Mit Begriffen umgehen
112	Verschiedene Teile
113	Aufgaben mit Tücken
114	Nochmals Aufgaben mit Tücken
115	**Prozentrechnen**
116	Neue Schreibweise – längst bekannte Rechnung
117	Verschiedene Wege führen zum Ziel
118	Unterirdische und oberirdische Streckenabschnitte
119	**Wiederholungsaufgaben**
119	Ausnahmen bestätigen die Regel
120	Wie heisst die Zahl?
121	Mathematik-Quiz
124	«Tunnel-Mathematik»
126	An der Beobachtungsstrecke Bernheim–Drommersdorf
128	Geschwindigkeiten …
130	Die Hütte
132	Guinness Record 22.6.96

133	**Zum Tüfteln und Knobeln**
133	Unvollständige Quader
134	Würfelnetze
135	1000 – so oder anders verteilt
136	Seitenwechsel
139	**Stützaufgaben**
140	Proportionalität und umgekehrte Proportionalität
141	Gleichwertige Brüche
142	Brüche «zusammenfassen»
143	End-Ergebnisse vollständig kürzen
143	Kleiner als – gleich – grösser als
144	Kürzen ist nicht Teilen – Erweitern ist nicht Vervielfachen
145	Kürzen – teilen – erweitern – vervielfachen
145	Bruchrechnen, alle Operationen
146	Textaufgaben zum Bruchrechnen
148	Addieren und subtrahieren
149	Verschiedene Wege führen zum Ziel
149	Dieselben Zahlen – verschiedene Rechnungen
150	Runden
151	Vom Bruch zur Dezimalzahl – von der Dezimalzahl zum Bruch
152	Nicht abbrechende Dezimalzahlen
153	Textaufgaben
154	Flächenmasse umformen
155	Seitenlängen, Umfang und Flächeninhalt von Rechteck und Quadrat
156	Seitenlängen, Umfang und Flächeninhalt des Rechtecks
157	Prozentrechnen
158	Mehr als 1 Ganzes
159	**Lösungen zu den Stützaufgaben**
169	**Förderaufgaben**
170	Wie heissen die beiden Zahlen?
171	Das grosse Punkteverteilen
172	Teiler von ganzen Zahlen
173	Vieles dreht sich um den Unterschied
174	Was alles möglich ist
175	Die richtige Anzahl oder der richtige Typ
176	Über Abfüllmaschinen
178	Bruchteile von Würfeln
179	Quader und Würfel
180	Vom grossen Ganzen zum Einzelnen – und umgekehrt!
182	«Studieren geht über Probieren»
182	Aufgepasst auf die Masseinheiten!
183	Anschläge geben den Ausschlag
185	Es heisst richtig kombinieren
186	Von Umfang zu Umfang
188	Seitenlängen und Umfang

190	Na und? – Na gut!
191	Gleichungen mit Grössen – Knacknüsse?
192	Rechnen auf zwei «Spuren»
193	Von Sparschweinen und Geldstücken
194	«Sammelsurium»
199	**Lösungen zu den Förderaufgaben**
211	**Kleiner Ratgeber**

Bildnachweis

- 12 Keystone
- 15 Foto: Archiv SBB
- 31 Foto: AKG Berlin
- 54 Swissair Bilddokumentation FAGF (Airbus A320)
- 60 Zoo Zürich, Foto: Erich Gruber
- 64 Reproduktion des Offiziellen Kursbuches mit Bewilligung der Generaldirektion SBB
- 65 Foto-Service SBB (InterCity Ticino)
- 82 Reproduziert mit Bewilligung des Bundesamtes für Landestopografie vom 19. 1. 1999
- 83 Verkehrsverein Romanshorn
- 106 Reproduziert mit Bewilligung des Bundesamtes für Landestopografie vom 19. 1. 1999
- 107 © DesAir-Flugaufnahme (Luzern)
- 119 © Schweizer Luftwaffe (Mythen)
- 129 Foto: Rud. Suter AG, Oberrieden («Stadt Zürich») Zentralbibliothek Zürich, Grafische Sammlung («Minerva») Picture Press, München («Stena HSS»)
- 176 Konservenfabrik Bischofszell
- 184 Keystone

Dezimale Grössen		
	1 Fr. = 100 Rp.	
1 cm = **10 mm** 1 dm = 10 cm 1 m = 10 dm	1 m = 100 cm	1 km = 1000 m
		1 kg = 1000 g 1 t = 1000 kg
1 l = 10 dl	1 l = **100 cl**, 1 hl = 100 l	1 l = **1000 ml**
	1 cm² = 100 mm², 1 a = 100 m² 1 dm² = 100 cm², 1 ha = 100 a 1 m² = 100 dm², 1 km² = 100 ha	

1 km² = 100 · 100 · 100 m² = **1 000 000 m²**

Dezimale Masseinheiten

M HT ZT T H Z E 10-tel 100-stel 1000-stel

Geldbeträge — Fr. (Rp.)

Längen — cm (mm); m (dm)(cm); km (m)

Gewichte — kg (g); t (kg)

Hohlmasse — l (ml); l (cl); l (dl); hl (l)